# 極品馥郁 茶製甜點

## 乳酪蛋糕、餅乾、瑪德蓮……
## 手感茶香好滋味

坂田阿希子、飯塚有紀子、小堀紀代美、ムラヨシマサユキ／著
曹如蘋／譯

# 前言

在每天的生活之中不可或缺的，
是在稍事休息時品嚐的茶。
近幾年，隨著日本茶專賣店、日本茶鋪的誕生，日本茶的新喝法掀起話題。
另外，抹茶則是在海外以「MATCHA」之名為人所知，甜點也廣受歡迎。

茶是飲品，
但光是拿來喝實在太浪費了。
事實上，結合茶葉和甜點、香氣逼人的糕點，如今相當受到矚目。

「紅茶、抹茶、日本茶（煎茶、焙茶）、中國茶」
只有加工過程不同，其實都是從相同的茶樹摘取下來的茶葉。
這4種茶葉和製作甜點不可缺少的
乳製品、水果、香料等素材非常契合，
只要將其互相搭配，就能創造出嶄新的美妙滋味。

茶葉可以磨碎、燜蒸、熬煮之後加入麵糊，
藉此讓各種茶葉所蘊含的芳醇香氣和風味徹底釋放。
而茶的香氣和風味會隨著運用方法的不同，
帶出甜點的甜味，並且成為整體風味的一大亮點。

4位愛茶的料理家、甜點研究家，將透過本書為各位帶來
烘焙甜點、冰涼甜點等一入口，茶葉風味便在口中擴散的獨門私房食譜。
書中，會依照「紅茶、抹茶、日本茶（煎茶、焙茶）、中國茶」
不同種類的茶葉，分別介紹磅蛋糕、乳酪蛋糕、
餅乾、瑪德蓮、布丁的作法。讓各位能夠從相同的甜點中，
品嚐到各種茶葉所帶來的不同香氣及風味。

準備好喜歡的茶甜點、沏一壺喜歡的茶，
讓幸福美好的午茶時光從今天開始。

CONTENTS



# PART 1
BLACK TEA

## 紅茶甜點

坂田阿希子



# PART 2
MATCHA

## 抹茶甜點

飯塚有紀子

PART 3

JAPANESE TEA

# 日本茶甜點

煎茶、焙茶

小堀紀代美



PART 4

CHINESE TEA

# 中國茶甜點

ムラヨシマサユキ



◉ 本書的使用方法

・大匙為15ml，小匙為5ml。

・奶油是使用無鹽奶油。

・鮮奶油是使用動物性鮮奶油。若無特別指定乳脂肪含量，可挑選自己喜歡的產品。

・烤箱需事先預熱至設定溫度。預熱時間會因機種而有所差異，請自行算好時間開始預熱。另外，烘烤時間也會隨機種而有些許差異，請參考食譜的時間，一邊觀察烘烤情形、一邊增減烘烤時間。

# PART 1 紅茶甜點

◉甜點製作／坂田阿希子

如今，紅茶已成為我生活中不可缺少的一部分。
不只是拿來喝，使用茶葉做成的甜點也很受歡迎。
如果要做成甜點，我推薦使用香氣會充分保留下來的
阿薩姆紅茶和伯爵茶。只要將磨碎的茶葉混入粉中，
或是燜蒸、熬煮茶葉，就能做出風味獨具特色的紅茶甜點。

## A 種類

### ·阿薩姆紅茶

採摘自世界最大的紅茶產地：印度東北方的阿薩姆平原。甜味強烈，擁有醇厚的風味和深濃的茶色、芳醇的香氣。由於味道很濃，因此特別適合做成奶茶。

### ·伯爵茶

這不是茶葉的品種，而是經過混合的調味茶。以中國茶為基底，加入柑橘類的「香檸檬（Bergamot）」的香氣。充滿異國風情的獨特香氣使其擁有眾多愛好者。

### ·大吉嶺紅茶

產自印度喜馬拉雅山麓的大吉嶺地區。茶色雖然淺，但是風味獨具個性。名列世界三大紅茶之一，又被稱為「紅茶中的香檳」。

## B 事前準備

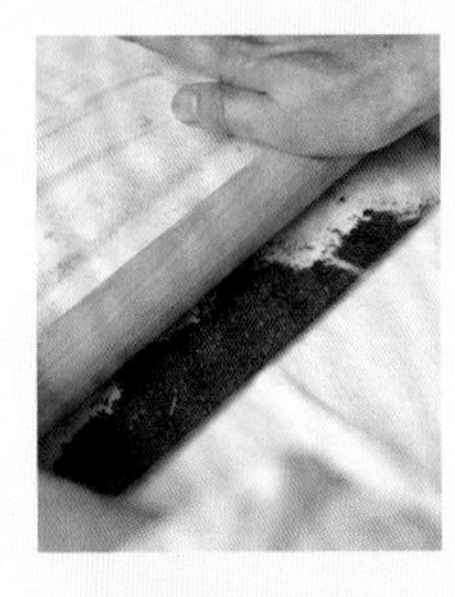

茶葉放入厚塑膠袋中，隔著袋子用擀麵棒滾動磨碎。如果有的話，最好可以使用磨粉機。

將茶葉放入煮沸的熱水中，加蓋燜蒸，萃取茶湯。有些甜點也會在這個步驟加入牛奶或鮮奶油一起熬煮。

## C 製作糖漿

### 大吉嶺糖漿

**材料：成品約200ml**
紅茶（大吉嶺）—1大匙
細砂糖—100g
熱水—150ml

**作法**

1 在小鍋中煮沸150ml的熱水後關火，放入茶葉，加蓋燜蒸10分鐘以上。之後用篩網過濾茶葉，倒回鍋中。
2 加入細砂糖，再次開火煮到細砂糖溶解便關火。
3 冷卻後裝入保存容器，置於冰箱保存。

**使用方法**

使用於「杏仁豆腐佐大吉嶺糖漿」（p.19）。也可以淋在糖煮水果、冰淇淋、優格上，或者用蘇打水稀釋做成飲料。

# 反轉蘋果塔風紅茶磅蛋糕

**以磅蛋糕模做成反轉蘋果塔風格的上下顛倒蛋糕。**
**加入帶有異國香氣的伯爵茶茶葉烘烤的蛋糕體、**
**裹上微苦焦糖的酸甜蘋果，兩者結合出和諧美妙的滋味。**

**材料：17×8×高7.5cm的磅蛋糕模1個份**

蘋果（富士）—2顆

《焦糖》
- 細砂糖—90g
- 水—1大匙
- 奶油—30g

《磅蛋糕麵糊》
- 奶油—120g
- 糖粉—100g
- 紅茶（伯爵茶）—2大匙
- 蛋—2顆
- 低筋麵粉—120g
- 泡打粉—1小匙

蘋果白蘭地（依個人喜好）—適量

**事前準備**

- 茶葉要放入厚塑膠袋中，用擀麵棒磨成細碎。
- 奶油要回復至室溫。
- 在模具上薄塗奶油（另外準備），撒上細砂糖（另外準備）後抖掉多餘的部分。放入冰箱冷藏，直到要使用才取出。
- 烤箱預熱至170℃。

**作法**

1. 蘋果去皮去核，切成8等分的月牙狀。
2. 製作焦糖。在鍋中放入細砂糖和水，開大火煮到邊緣開始燒焦就一邊搖晃鍋子，一邊煮到變成深咖啡色。加入奶油煮融，再加入1的蘋果。
3. 把火轉小，不時搖晃鍋子（a），煮到蘋果的表面變軟變透明為止，然後加入蘋果白蘭地。
4. 將蘋果平整地排入模具中，再倒入1～2大匙剩下的焦糖（b）。放入冰箱冷藏至完全凝固。
5. 製作磅蛋糕麵糊。在攪拌盆中放入奶油、糖粉，用手持打蛋器攪打至泛白。分次少量地加入打散的蛋液，每次加入都要攪拌，以免分離（c）。如果感覺快要分離了，就取少量（分量內）低筋麵粉加入。
6. 加入準備好的茶葉（d），篩入混合好的低筋麵粉和泡打粉。用矽膠刮刀攪拌到沒有粉感。
7. 在4的模具中倒入6至八分滿（e）。連同模具輕摔2～3次，以去除空氣。抹平表面，以170℃的烤箱烤約45分鐘。趁熱倒置放涼，冷卻後即可脫模。

＊添上打發鮮奶油，淋上蘋果白蘭地或剩餘的焦糖也很好吃。

a

b

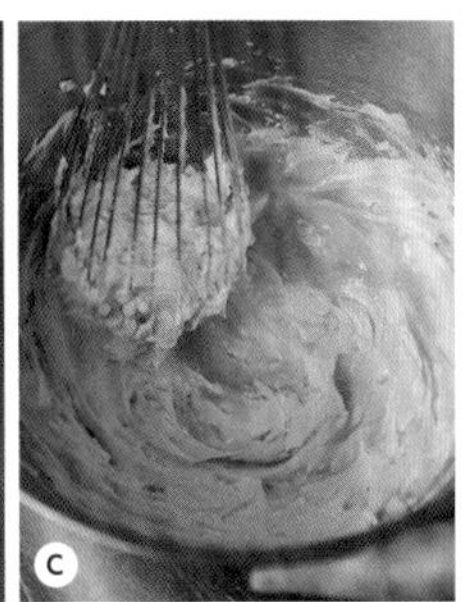
c

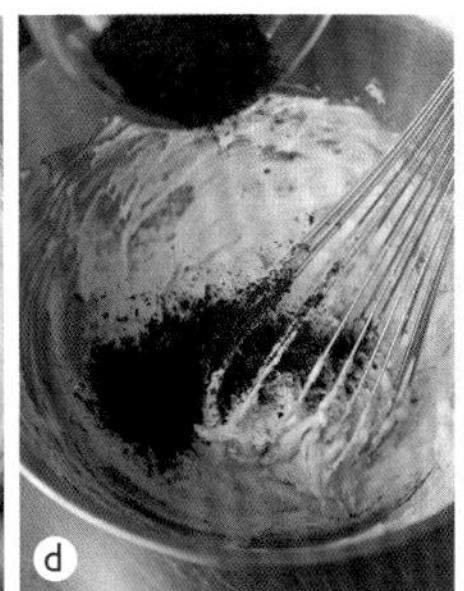
d

e

# 紅茶奶油酥餅

誕生於蘇格蘭的這款餅乾，有著酥鬆的口感和濃郁的奶油風味。
我在和紅茶非常對味的餅乾麵團中，也揉入了紅茶茶葉。
毋須模具即可輕鬆完成。使用上新粉能夠創造出更酥脆的口感。

**材料：12條份**

奶油－100g

糖粉－60g

A
- 低筋麵粉－150g
- 上新粉－20g
- 鹽－¼小匙

紅茶（伯爵茶）－2小匙

**事前準備**

- 茶葉要放入厚塑膠袋中，用擀麵棒磨成細碎。
- 奶油要回復至室溫。
- 在烤盤上鋪烘焙紙。
- 烤箱預熱至160℃。

**作法**

1. 在攪拌盆中放入奶油，用手持打蛋器打軟，然後加入糖粉攪打至泛白。混入準備好的茶葉（a）。
2. 篩入混合好的A的粉類，用矽膠刮刀攪拌到沒有粉感。揉成團（b）之後用保鮮膜包起來，再放入冰箱冷藏靜置約1小時。
3. 以高筋麵粉（另外準備）作為手粉撒在檯面上，用擀麵棒拍打延展到一定程度。接著滾動擀麵棒，擀成大約15㎝見方的大小（c）。用刀子切成12等分，再用竹籤在整體上戳洞（d）。
4. 移到烤盤上，以160℃的烤箱烤20～25分鐘。烤好後置於網架上放涼。

a

b

c

d

# 印度奶茶風瑪德蓮

帶有柳橙香氣的清爽瑪德蓮，一入口就讓人幸福洋溢。
印度香料奶茶的風味會在口中久久不散。

**材料：縱長7.5cm的瑪德蓮模8個份**

蛋－2顆
奶油－90g
細砂糖－80g
蜂蜜－20g
A 低筋麵粉－90g
　泡打粉－1又¼小匙
肉桂粉、小荳蔻粉、丁香粉*－合計1小匙
紅茶（阿薩姆）－2小匙
柳橙皮－1顆份

*丁香的香氣強烈，建議使用少量就好。

**作法**

1. 在攪拌盆中放入混合過篩的A的粉類、細砂糖、香料粉，在正中央挖出凹槽。
2. 將蛋打入凹槽中、放入蜂蜜，將粉類從四周往中間揉合，並用手持打蛋器攪拌整體。
3. 在鍋中放入奶油煮融，趁熱加入2中，用手持打蛋器攪拌。加入準備好的茶葉、柳橙皮，混合均勻。
4. 用保鮮膜覆蓋3的攪拌盆，放入冰箱冷藏靜置1小時以上。
5. 在模具中填入4的麵糊至八分滿，以170℃的烤箱烤約10分鐘。烤好後在檯面上摔幾下，立刻脫模。置於網架上放涼。

**事前準備**

・茶葉要放入厚塑膠袋中，用擀麵棒磨成細碎。
・刨出柳橙皮屑。
・在模具上薄塗奶油（另外準備），再撒上薄薄一層高筋麵粉（另外準備）。
・烤箱預熱至170℃。

# 奶茶法式吐司

**加入奶茶的蛋液，是唯有在家自製才享受得到的奢侈美味。**
**請務必嘗試搭配和紅茶十分對味的葡萄乾吐司。**

**材料：2～3人份**

葡萄乾吐司（厚3cm）－2～3片

《蛋液》

- 水－100ml
- 紅茶（伯爵茶）－4小匙
- 牛奶－240ml
- 蛋－2顆
- 細砂糖－40g

奶油－40g

糖粉、打發鮮奶油－各適量

楓糖漿（依個人喜好）－適量

**作法**

1. 在小鍋中放入100ml的水，煮滾後加入茶葉。關火加蓋，靜置燜蒸5～10分鐘。加入牛奶，再次開火稍微加熱後過濾，大致放涼。
2. 將蛋打入攪拌盆，加入細砂糖、1攪拌。
3. 將葡萄乾吐司排在淺盤內，加入2浸泡約30分鐘。途中要翻面1～2次，讓吐司均勻地吸收蛋液。
4. 加熱平底鍋融化奶油，排入3，以中火將兩面煎成金黃色且中央熟透。
5. 縱向對切，盛入容器中。撒上糖粉，添上打發鮮奶油，最後再淋上楓糖漿。

# 紅茶巴巴露亞 柳橙焦糖醬

在牛奶中加入紅茶風味，再以柳橙增添清爽香氣的巴巴露亞。
只要以大模具製作，即可在家庭派對上展現優雅風情。
最後淋上含有柳橙汁的焦糖醬，更是畫龍點睛的美味關鍵。

**材料：直徑16×高6.5cm的圓形模具1個份**

蛋黃－3顆份
細砂糖－80g
吉利丁片－9g
牛奶－400ml
鮮奶油（乳脂肪含量45～47%）－150ml
紅茶（阿薩姆）－2小匙
柳橙－1顆
君度橙酒－2小匙

《焦糖醬》

細砂糖－80g
水－2小匙
柳橙汁*－80ml

*亦可使用市售的百分之百柳橙原汁。

**事前準備**

・茶葉要放入厚塑膠袋中，用擀麵棒磨成細碎。
・吉利丁片要放入大量的水中浸泡10～15分鐘泡軟。
・柳橙切掉上下兩端後，連同薄皮縱向去皮。將少量的皮切成細絲作裝飾用；果肉要切成圓片。

**作法**

1 製作焦糖醬。在鍋中放入細砂糖和水，開中火煮到邊緣開始燒焦就一邊搖晃鍋子，一邊煮到變成深咖啡色。關火後立刻加入柳橙汁（a），搖晃鍋子使其混合。

2 在鍋中加入水50ml（另外準備），煮滾後放入茶葉和柳橙皮，關火加蓋，燜蒸約15分鐘。加入牛奶，再次開火加熱到快要沸騰，之後過濾（b）。

3 在攪拌盆中放入蛋黃和細砂糖，用手持打蛋器攪打至泛白且帶有濃稠感為止。一邊分次少量地加入2，一邊攪拌均勻。

4 將3倒回2的鍋中，開中火，一邊用矽膠刮刀攪拌，一邊加熱到稍微產生濃稠感（c）。接著立刻過濾到攪拌盆中，加入準備好的吉利丁（d），仔細攪拌使其溶解。

5 在4的攪拌盆底部放置冰水，冷卻的同時一邊用矽膠刮刀攪拌到六分發左右。混入君度橙酒。

6 在別的攪拌盆中放入鮮奶油，在盆底放置冰水，打發至六分發左右。先將⅓量加入5中（e）攪拌均勻，再把剩下的鮮奶油也加進去混合。

7 用水沾濕模具的內側，倒入6，再放入冰箱冷藏凝固2小時以上。

8 待7凝固後，讓模具迅速地浸泡熱水，脫模放置在盤中。從上面淋上1的焦糖醬，再以柳橙果肉、柳橙皮做裝飾。

a

b

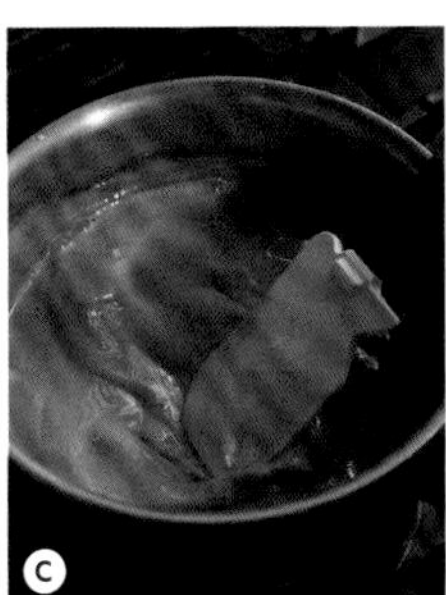
c

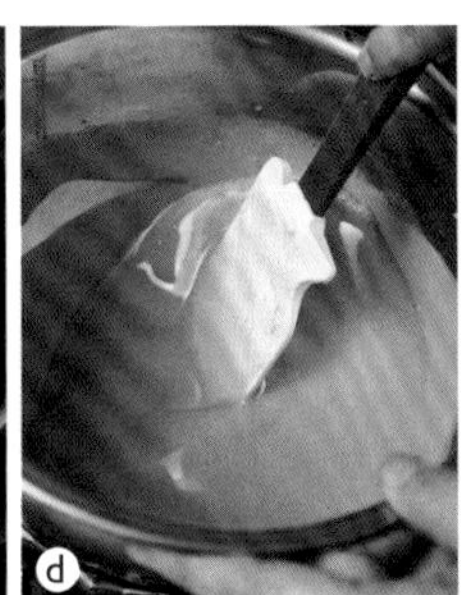
d

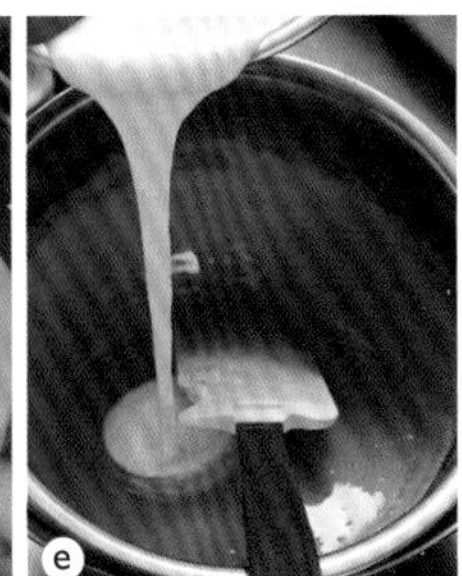
e

# 紅茶奶油生乳酪蛋糕

酥脆的餅乾底和滑順的乳酪蛋糕體，交織出奢華迷人的美味。
製作重點在於，餅乾底和乳酪蛋糕體各使用了不同種類的茶葉。
水果可以選擇其他酸味不會過於強烈的種類。

**材料：15cm見方的方形活底模1個份**

《餅乾底》

- 全麥餅乾—80g
- 奶油—50g
- 紅茶（伯爵茶）—1大匙

奶油乳酪—200g
細砂糖—70g
牛奶—100ml
紅茶（阿薩姆）—1大匙
吉利丁片—5g
鮮奶油（乳脂肪含量45～47%）—100ml
黑棗—4～5顆
裝飾用鮮奶油—100ml
細砂糖—2小匙

**事前準備**

- 茶葉要放入厚塑膠袋中，用擀麵棒磨成細碎。
- 吉利丁片要放入大量的水中浸泡10～15分鐘泡軟。
- 奶油乳酪和奶油要回復至室溫。
- 黑棗要去籽，切成6等分。

**作法**

1. 製作餅乾底。將全麥餅乾放入厚塑膠袋中，用擀麵棒敲碎。加入奶油和準備好的茶葉（a），混合到整體完全融合。
2. 將1放入模具中，用手按壓鋪平，放入冰箱冷藏直到要使用才取出。
3. 在鍋中加入水50ml（另外準備），煮滾後放入茶葉，關火加蓋，燜蒸約15分鐘。加入牛奶，再次開火加熱到快要沸騰，之後過濾。加入泡軟的吉利丁，利用餘熱溶解（b）後大致放涼。
4. 在攪拌盆中放入奶油乳酪，用手持打蛋器攪拌。加入細砂糖，繼續攪拌到變成柔滑狀。加入3、鮮奶油，每次加入都要用手持打蛋器攪打（c）。
5. 將黑棗排入2的模具中，倒入4（d）。抹平表面，放入冰箱冷藏凝固1小時以上。
6. 脫模，將加入細砂糖打成七分發的鮮奶油置於表面，用抹刀將鮮奶油裝飾成有稜有角的樣子。

# 紅茶布丁

在牛奶中添加阿薩姆紅茶的香氣，做成美味的經典布丁。
在低溫下慢慢地以水浴法烘烤，是創造出柔滑口感的祕訣。

**材料：容量120ml的布丁模7個份**

蛋－3顆
蛋黃－2顆份
細砂糖－100g
牛奶－600ml
紅茶（阿薩姆）－2大匙
《焦糖醬》
細砂糖－50g
水－3大匙
打發鮮奶油（有的話）－適量
美國櫻桃（有的話）－適量

**事前準備**

- 茶葉要放入厚塑膠袋中，用擀麵棒磨成細碎。
- 在布丁模的側面薄塗奶油（另外準備）。
- 烤箱預熱至120℃。

**作法**

1. 製作焦糖醬。從3大匙的水中取1大匙和細砂糖放入鍋中，開中火煮到邊緣開始燒焦就一邊搖晃鍋子，一邊煮到變成深咖啡色。關火後立刻加入剩下的2大匙水，迅速倒入準備好的布丁模底部。
2. 在攪拌盆中放入蛋和蛋黃打散，然後加入細砂糖攪拌。
3. 在鍋中放入牛奶和準備好的茶葉，加熱到快要沸騰就關火，燜蒸約5分鐘之後過濾。
4. 將3分次少量地加到2的攪拌盆中，每次加入都要攪拌。全部加入後，過濾到別的攪拌盆中。
5. 用廚房紙巾去除表面的氣泡，均等地倒入布丁模中。將深盤放在烤盤上，再擺上布丁模，接著注入熱水至布丁模的⅓高度。
6. 以120℃的烤箱烤約1小時，大致放涼後放入冰箱冷藏。盛入容器，添上打發鮮奶油和櫻桃。

# 杏仁豆腐佐大吉嶺糖漿

**每吃一口，濃郁的杏仁香氣就在口中擴散。**
**柔滑的口感和清爽的紅茶糖漿簡直是絕配。**

**材料：容量120ml的玻璃杯4個份**

水－200ml

杏仁霜*1－30g

砂糖－40g

寒天棒*2－3g

吉利丁片－6g

牛奶－300ml

鮮奶油（乳脂肪含量45～47%）－50ml

白桃－1顆

大吉嶺糖漿（參考p.7）－全量

*1 可於烘焙材料行購得。
*2 如果沒有寒天棒，亦可以寒天粉1.5g替代。

**事前準備**

· 參考p.7製作「大吉嶺糖漿」。
· 寒天棒要迅速用水洗過，然後浸水泡軟。
· 吉利丁片要放入大量的水中浸泡10～15分鐘泡軟。

**作法**

1 在鍋中放入200ml的水，加入徹底擰乾的寒天，開中火將寒天煮溶。加入砂糖，等到砂糖溶解就關火，然後放入準備好的吉利丁，利用餘熱使其溶解。

2 在攪拌盆中放入杏仁霜，一邊用篩網過濾1慢慢地加入其中，一邊攪拌。

3 加入牛奶、鮮奶油，在攪拌盆底部放置冰水，用手持打蛋器攪拌到大致冷卻。

4 將3均等地倒入容器中，放入冰箱冷藏凝固2小時以上。

5 裝飾上切成易入口大小的白桃，淋上大吉嶺糖漿。

# 紅茶風味維多利亞蛋糕

在2片海綿蛋糕之間夾入酸甜果醬的英國傳統蛋糕。
食譜的材料單純、作法簡單，卻能做出令人眼睛為之一亮的豪華外觀。
融入蛋糕體中的伯爵茶香氣也是美味的來源之一。

**材料：直徑15cm的圓形模具1個份**

奶油—120g
糖粉—120g
蛋（S號3顆）—120g
A 低筋麵粉—120g
  泡打粉—1又1/4小匙
紅茶（伯爵茶）—2小匙
鮮奶油—150g
李子果醬等喜歡的種類*—150g
糖粉—適量

*其他像是覆盆子、黑醋栗、無花果果醬等。

**事前準備**

- 茶葉要放入厚塑膠袋中，用擀麵棒磨成細碎。
- 奶油要回復至室溫。
- 在模具上薄塗奶油（另外準備），放入冰箱冷藏。
- 烤箱預熱至180℃。

**作法**

1. 在攪拌盆中放入奶油，加入糖粉，用手持打蛋器攪打至呈現泛白蓬鬆的狀態（a）。
2. 在1中分次少量地加入蛋液，每次加入都要確實混合，以免分離（b）。
3. 加入準備好的茶葉、混合過篩的A的粉類，以矽膠刮刀迅速攪拌均勻（c）。
4. 在準備好的模具中撒上高筋麵粉（另外準備），抖掉多餘的部分。倒入3，抹平表面，以180℃的烤箱烤約25分鐘。插入竹籤，如果沒有沾黏即可出爐。
5. 大致冷卻後脫模，置於網架上放涼。
6. 將5切成一半的高度（d）。留下蛋糕體的邊緣1cm不塗，在下半部的切口抹上果醬，接著把打成八分發的鮮奶油疊塗在果醬上（e）。蓋上上半部的蛋糕體，並在表面撒上大量糖粉。

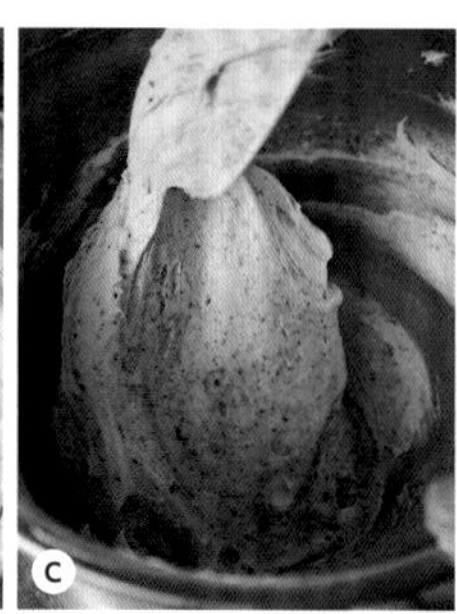

# 紅茶的特調飲品

我重現了以前
常去的紅茶專賣店的飲品。
結合檸檬和牛奶、
檸檬香氣撲鼻而來的奶茶。
在蘭姆冰淇淋茶中多加一些
蘭姆酒，會變得更加好喝喔。

## 檸檬奶茶

**材料：1～2人份**

紅茶（阿薩姆）— 1大匙
水 — 100ml
檸檬皮 — 1顆份
牛奶 — 200ml

**作法**

1 在鍋中煮沸熱水後關火，放入茶葉和檸檬皮，加蓋燜蒸約15分鐘。
2 在1中加入牛奶，開火加熱到快要沸騰。用茶篩過濾，注入杯中。

## 蘭姆冰淇淋茶

**材料：1～2人份**

紅茶（阿薩姆）— 2大匙
熱水 — 200ml
蘭姆酒、香草冰淇淋 — 各適量
阿拉伯膠糖漿 — 適量

**作法**

1 將茶葉放入茶壺中，注入熱水靜置約5分鐘，泡出較濃的茶湯。
2 在玻璃杯中放入較多的冰塊，用茶篩過濾1，注入杯中。混入適量的阿拉伯膠糖漿，擺上冰淇淋，最後淋上蘭姆酒。

# 紅茶與甜點

坂田小姐是一名紅茶愛好者，尤其喜愛以阿薩姆紅茶為基底的奶茶。身為去年（2019）才剛開幕的西餐店的老闆，目前的生活是「連坐下來悠閒地享用紅茶的時間都變得很少」，極為忙碌。

紅茶甜點是透過磨碎茶葉、以熱水燜蒸、以牛奶或鮮奶油熬煮等方式，加進麵糊中來增添風味，而最適合運用在甜點上的茶葉就是阿薩姆紅茶和伯爵茶。

「阿薩姆紅茶的味道直接且濃郁醇厚，與溫和的牛奶、乳製品相當契合。只要將香氣轉移到巴巴露亞或布丁的牛奶中，就能明顯感受到香氣也成為了美味的一部分」。

另一方面，伯爵茶則是帶有充滿異國風情的獨特香氣。「有些茶葉經過烘烤後，香味就容易消失，但是香氣強烈的伯爵茶無論加熱或冷藏，香氣都一樣會保留下來。尤其非常適合搭配檸檬、柳橙、葡萄柚等柑橘類水果。另外，伯爵茶和使用了奶油乳酪、牛奶、奶油的麵糊跟鮮奶油也很對味。加進我最拿手的、帶有八角風味的紅豆磅蛋糕中也相當美味」。

香氣獨特且帶有些微苦味的大吉嶺紅茶雖然不適合做成甜點，不過做成糖漿風味清爽，十分推薦大家可以試著做做看。

坂田小姐親自大展廚藝的「洋食KUCHIBUE」，目前以週末為主營業中。另外還開設備有焗烤通心粉等大眾菜色的網路商店。

店內也有提供紅茶。她經常會在休息時間和員工一起享用紅茶。

## 坂田阿希子

甜點、料理研究家。曾擔任料理研究家的助手，在法式甜點店、法式餐廳累積經驗後獨立創業，開設料理教室「studio SPOON」。從正統的甜點、西餐，到容易製作的日常家庭料理，對於不同領域的料理皆有涉獵。不分領域，一心創作出「美味食物」的品味卓越。在雜誌、書籍等多方面表現活躍。2019年在東京都內開設「洋食KUCHIBUE」。著有《SPOON坂田阿希子的料理教室》（Graphic社）、《清爽嶄新的低糖甜點》（家之光協會）、《奶油知識大全！甜點之書》（文化出版局）等多本著作。

# PART 2

# 抹茶甜點

◉甜點製作／飯塚有紀子

香氣芳醇又帶點微苦，
鮮綠色澤引人注目的抹茶甜點。
使用抹茶製作的甜點，以茶甜點的先驅之姿，在全世界廣受喜愛。
顆粒細緻的抹茶的魅力之一，就是可以直接做成烘焙甜點，也能做成冰涼甜點。
無論是濃郁的美味，或是溫和的風味，都能自由變化這一點是抹茶的獨到之處。
以下將介紹100%活用完整茶葉製作的甜點。

# 抹茶的基本 ABC

## A 種類

### ·抹茶

將遮蔽直射陽光長成的茶葉蒸過之後進行乾燥，稱為「碾茶」。之後再將碾茶以石臼磨細，就成了「抹茶」。和其他茶葉不同，抹茶因為是用熱水溶解飲用，所以能夠完整攝取到維他命等營養素。請務必遵守標示上的賞味期限，開封後要密封保存，並且儘快使用完畢。

## B 事前準備

顆粒細緻的抹茶容易結塊，不易與其他材料融合。使用前，務必要用茶篩或孔徑細小的篩網過篩。

和低筋麵粉等粉類混合使用時，要和事先篩好的抹茶一起過篩。

絕對不可將抹茶一口氣加到其他材料中。要先將篩好的抹茶加到砂糖中混勻再加進去，這樣才容易融合。

## C 製作糖漿

### 抹茶糖漿

**材料：成品約100ml**

抹茶－1小匙

上白糖－60g

水－50ml

**作法**

1　將抹茶篩入小鍋中，加入上白糖混勻。倒入水繼續攪拌，然後開中火加熱。

2　煮到鍋子的中心完全沸騰就關火放涼。移入保存容器中，置於冰箱保存。

**使用方法**

當成刨冰的糖漿，淋在白玉湯圓或蕨餅上面，也可以倒入牛奶做成抹茶拿鐵。把這個糖漿淋在搭配用的打發鮮奶油上也很美味。

# 抹茶紅豆<br>紐約乳酪蛋糕

這道深綠色的大人風味乳酪蛋糕，帶有抹茶的微苦和香氣。
水煮紅豆的淡淡鹹味，平衡了風味濃郁的乳酪蛋糕體。
只要從頭到尾都使用手持電動攪拌器攪打乳酪糊，即可創造出柔滑的口感。

**材料：直徑18cm的圓形活底模1個份**

《餅乾底》

- 全麥餅乾－80g
- 奶油－40g

奶油乳酪－180～200g

牛奶－10ml

A
- 細砂糖－40g
- 抹茶－3小匙

蛋－1顆

水煮紅豆（市售品）－150g

裝飾用抹茶－適量

**事前準備**

- A的抹茶要過篩，和細砂糖混合備用。
- 奶油乳酪、牛奶、蛋要回復至室溫。
- 在模具的底部和側面鋪上烘焙紙。
- 烤箱預熱至150℃。

**作法**

1. 製作餅乾底。將全麥餅乾放入厚塑膠袋中，用擀麵棒敲碎。加入奶油，混合到整體完全融合。
2. 將1放入模具中，用手按壓鋪平（a），放入冰箱冷藏。
3. 在攪拌盆中放入奶油乳酪，用手持電動攪拌器攪打成柔順狀。接著加入牛奶（b），繼續攪拌到沒有奶油乳酪的顆粒為止。
4. 加入準備好的A，用手持電動攪拌器混合（c），接著加入蛋液混合（d）。用篩網過篩。
5. 用鋁箔紙包住2的模具底部。留下模具的邊緣1cm不鋪，其餘鋪上水煮紅豆，然後倒入4的奶油乳酪糊（e）。在表面覆上鋁箔紙。
6. 將模具放在烤盤上，注入約40℃的熱水至模具底部1～2cm的高度。
7. 以150℃的烤箱水浴法烘烤約20分鐘，之後關掉烤箱，在烤箱中靜置約20分鐘。
8. 從烤箱中取出，取下上面的鋁箔紙，置於網架上放涼。待完全冷卻，連同模具放入冰箱，冷藏半天左右。最後用茶篩撒上抹茶。

a

b

c

d

e

# 抹茶馬林糖

口感爽脆、入口即化的可愛馬林糖。
以1顆蛋白做成的義式蛋白霜，可以做出這麼多的數量。
輕盈美味的口感讓人好想一吃再吃。

**材料：直徑約2cm的馬林糖30～35顆**

《義式蛋白霜》

蛋白—1顆份（約35g）

A
- 細砂糖—60g
- 水—25ml

B
- 抹茶—1小匙
- 水—1小匙

《抹茶甘納許》

- 白巧克力*—35g
- 抹茶—½小匙

裝飾用抹茶—適量

*選擇烘焙用或板狀巧克力皆可。

**事前準備**

- B的抹茶要過篩，用水溶解。
- 將蛋白放入攪拌盆中，回復至室溫。
- 烤箱預熱至130℃。

**作法**

1. 製作義式蛋白霜。在小鍋中放入A，開中火加熱做成糖漿。等到鍋子邊緣開始冒泡，就以手持電動攪拌器低速打發準備好的蛋白。
2. 舀起糖漿，如果滴落的糖漿會牽絲（a），就一邊繼續打發蛋白，一邊分次少量地加入糖漿（b）。
3. 將手持電動攪拌器轉為高速，繼續打發。持續攪打到攪拌盆底摸起來為常溫為止，做出尾端尖挺的蛋白霜（c）。
4. 加入準備好的B，以矽膠刮刀迅速攪拌。
5. 在擠花袋上裝直徑1cm的圓形花嘴，將4填入擠花袋中，在烤盤上擠出2cm的大小（d）。用茶篩過篩抹茶。
6. 以130℃的烤箱烤約45分鐘。烤好後直接放在烤箱中冷卻。
7. 製作抹茶甘納許。將白巧克力切成適當大小，放入攪拌盆中以50～60℃的熱水隔水加熱融化。篩入抹茶，仔細混勻。
8. 待6冷卻，塗上抹茶甘納許後黏上另外1顆（e）。其餘的作法亦同。

*請在密閉容器中放入乾燥劑保存。濕度高的季節則建議置於冰箱保存。

a

b

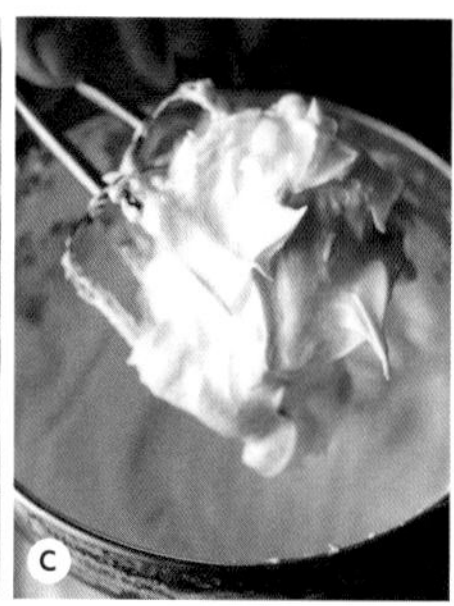
c

d

e

# 抹茶冰淇淋

**大量使用和乳製品非常契合的抹茶，做成這道百匯風格的冰淇淋。**
**因為利用鮮奶油和蛋白霜混入空氣，所以凝固途中不需要翻攪。**

**材料：約4人份**

牛奶－100ml

- 吉利丁粉－5g
- 水－25ml

抹茶－4小匙

細砂糖－60g

蛋黃－2顆份

鮮奶油（乳脂肪含量35%）－200ml

《蛋白霜》

- 蛋白－2顆份
- 細砂糖－50g

**事前準備**

- 抹茶要過篩備用。
- 將蛋白放入攪拌盆中，置於冰箱冷藏。
- 將吉利丁粉加入水中攪拌，置於冰箱冷藏約30分鐘泡開。

**作法**

1. 在鍋中放入牛奶，開中火煮到鍋子邊緣開始冒泡就關火，加入準備好的吉利丁使其溶解。
2. 在攪拌盆中放入抹茶，加入細砂糖混勻。接著加入蛋黃攪勻，再加入1攪拌。
3. 在別的攪拌盆中放入鮮奶油，讓盆底與冰水接觸，以手持打蛋器打成十分發。
4. 製作蛋白霜。從50g的細砂糖中取1小匙加入準備好的蛋白中，以手持電動攪拌器低速攪打，等到整體變成泛白的細緻泡沫狀就轉為高速，將剩下的細砂糖分2次加入，持續打到尾端尖挺為止。
5. 過篩2，移入別的攪拌盆中，在底部放置冰水，等到吉利丁稍微凝固，就將3的鮮奶油分2次加入，以矽膠刮刀拌勻。
6. 分2次將4一半的蛋白霜加入5中，用矽膠刮刀輕柔地攪拌，以免消泡。移入密閉容器，置於冰箱冷藏凝固一晚。

# 抹茶布丁

口感綿密柔滑的抹茶風味蒸烤布丁。
可以直接吃，或是淋上對味的黑糖蜜會更加好吃。

**材料：容量70ml的烤盅5個份**

蛋－1顆

A　抹茶－3小匙
　　細砂糖－45g

牛奶－150ml

鮮奶油（乳脂肪含量45～47%）－100ml

黑糖蜜（市售品）－適量

**事前準備**

- A的抹茶要過篩，和細砂糖混合備用。
- 烤箱預熱至160℃。

**作法**

1. 在攪拌盆中將蛋打散，加入準備好的A充分攪勻。
2. 在鍋中放入牛奶，開火煮到鍋子邊緣開始冒泡，再加到1中攪拌。加入鮮奶油混合均勻。
3. 用茶篩過篩2，平均地注入烤盅內。
4. 將深盤放在烤盤上，排入3，分別在烤盅上覆蓋鋁箔紙。在深盤中注入約40℃的熱水至烤盅底部2㎝的高度。
5. 以160℃的烤箱水浴法烘烤約40分鐘。搖晃烤盅，如果布丁液不會大幅晃動就表示烤好了。
6. 從烤箱中取出，取下鋁箔紙，置於網架上放涼。待大致冷卻就放入冰箱冷藏。淋上黑糖蜜享用。

*黑糖蜜可以使用市售產品，但其實自製的作法非常簡單。在小鍋中放入黑砂糖50g和水25ml，一邊攪拌、一邊以中火煮到沸騰後關火。待大致冷卻，就放入冰箱冷藏。

# 抹茶巴巴露亞

大受歡迎的巴巴露亞堪稱是抹茶甜點的先驅。
撲鼻的抹茶香氣與高雅的苦味，美味程度簡直擁有名店水準。
祕訣在於將吉利丁液和打發鮮奶油調整成相同的濃稠度。

**材料：直徑7×高5㎝的果凍模5個份**

牛奶－100ml

| 吉利丁粉－5g
| 水－25ml

蛋黃－2顆份

A | 抹茶－1又½小匙
| 細砂糖－45g

鮮奶油（乳脂肪含量35%）－100ml

裝飾用打發鮮奶油（有的話）－適量

**事前準備**

・A的抹茶要過篩，和細砂糖混合備用。

・將吉利丁粉加入水中攪拌，置於冰箱冷藏約30分鐘泡開。

**作法**

1. 在鍋中放入牛奶，開中火煮到鍋子邊緣開始冒泡就關火，撕碎泡好的吉利丁加入其中。
2. 在攪拌盆中打散蛋黃，加入準備好的A充分攪勻（a）。
3. 待1的吉利丁溶解，加入2中混合均勻。以篩網過篩，移入別的攪拌盆（b）。
4. 在別的攪拌盆中放入鮮奶油，一邊讓盆底接觸冰水，一邊打成五分發（稍具濃稠感，提起手持打蛋器後，殘留的痕跡會在1～2秒內消失）。
5. 在3的攪拌盆底部放置冰水，用矽膠刮刀攪拌到產生濃稠度（c）。等到濃稠度變得和鮮奶油一樣就拿開冰水，加入一半的4（d）混勻，再把剩下的也加進去攪拌。
6. 將5平均地倒入模具中，放入冰箱冷藏凝固約1小時。
7. 待6凝固便與約40℃的熱水接觸2～3秒，接著用手輕壓巴巴露亞，使其與模具之間產生縫隙，沿著模具滑落在盤子上。裝飾上打成九分發的打發鮮奶油。

a

b

c

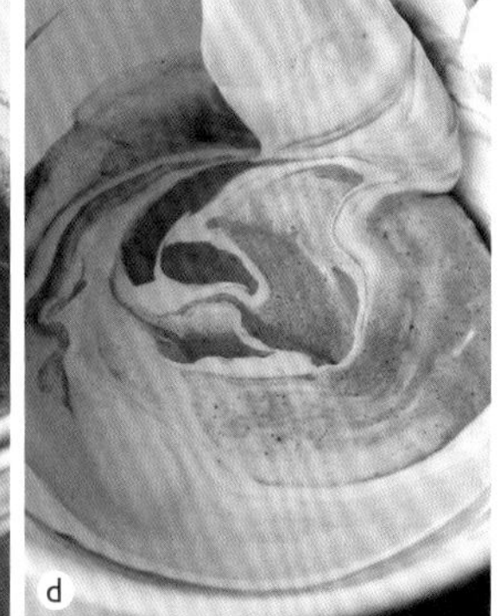
d

# 抹茶沙布列餅乾

這款只要將麵團冷藏硬化即可的冰盒餅乾，
甜度低，而且抹茶風味的酥脆口感非常迷人。
周圍裹覆的脆脆杏仁更是一大亮點。

**材料：直徑約3㎝大的餅乾25～30片份**

奶油－50g

A
抹茶－3小匙
細砂糖－25g

B
低筋麵粉－45g
杏仁粉－25g
玉米粉－25g

杏仁－20g

**事前準備**

・奶油要回復至室溫。
・杏仁要切碎。
・A的抹茶要過篩，和細砂糖混合備用。
・在烤盤上鋪烘焙紙。
・烤箱預熱至180℃。

**作法**

1 攪拌盆中放入奶油，用手持打蛋器攪打成乳霜狀。
2 在1中加入準備好的A（a），用手持打蛋器攪勻。
3 篩入混合好的B的粉類，用矽膠刮刀攪拌到沒有粉感（b）。
4 將3移到保鮮膜上凝聚成團，延展成直徑約2㎝的棒狀（c）。放入冰箱靜置約1小時。
5 用濕的廚房紙巾輕輕擦拭4的麵團周圍，在置於板子上或淺盤裡的杏仁上滾動，使其裹上杏仁碎（d）。
6 將5切成寬約1㎝、25～30等分的圓片。取一定間隔排入烤盤，以180℃的烤箱烤12～15分鐘。

＊也可以多做一些麵團，以棒狀的狀態冷凍保存。

a

b

c

d

# 抹茶金磚蛋糕

白巧克力的甜和抹茶的微苦，結合成滋味絕妙的金磚蛋糕。
綿滑濃郁的風味，令抹茶控愛不釋手。
雖然成品非常精緻，但其實只要依序混合材料即可完成。

**材料：18×7×高6㎝的磅蛋糕模1個份**

白巧克力（烘焙用）—200g

奶油—100g

鮮奶油（乳脂肪含量45～47%）—100g

A 抹茶—20g
　細砂糖—10g

蛋—2顆

裝飾用抹茶—適量

**事前準備**

- A的抹茶要過篩，和細砂糖混合備用。
- 白巧克力要切成粗塊。
- 在模具內鋪烘焙紙。
- 烤箱預熱至150℃。

**作法**

1. 在攪拌盆中放入白巧克力和奶油，以約60℃的熱水隔水加熱，一邊用矽膠刮刀攪拌融化（a）。之後混入鮮奶油。
2. 加入準備好的A混勻（b）。
3. 將蛋液分2～3次加入，攪拌均勻。
4. 用篩網過篩3，移入別的攪拌盆中（c）。倒入模具，抹平表面，覆上鋁箔紙。
5. 將模具置於深盤內，擺在烤盤上。在深盤中注入約40℃的熱水至模具底部約2㎝的高度（d）。以150℃的烤箱水浴法烘烤約50分鐘。
6. 烤好後取下鋁箔紙，置於網架上放涼。連同模具放入冰箱，冷藏半天左右。最後用茶篩撒上抹茶。

a

b

c

d

# 抹茶甜納豆磅蛋糕

擁有美麗黃綠色斷面的日式風味磅蛋糕。
內餡的甜納豆和抹茶的微苦十分契合。

**材料：20×8×高7㎝的磅蛋糕模1個份**

奶油－120g

糖粉－120g

蛋－2顆

A | 低筋麵粉－120g
  | 泡打粉－½小匙

抹茶－2小匙

甜納豆（市售品）－100g

**事前準備**

・抹茶要過篩備用。

・奶油和蛋要回復至室溫。

・在模具內鋪烘焙紙。

・烤箱預熱至160℃。

**作法**

1 在攪拌盆中放入奶油，用手持打蛋器攪打成乳霜狀。篩入糖粉，攪拌均勻。

2 將打散的蛋液分10次加入，每次少量加入都要攪拌。

3 篩入混合好的抹茶和A的粉類，加入甜納豆，用矽膠刮刀攪拌到沒有粉感。

4 將3倒入模具中，抹平表面。以160℃的烤箱烤55～60分鐘。脫模，撕掉烘焙紙，置於網架上放涼。

# 迷你抹茶銅鑼燒

以充滿抹茶香氣的餅皮夾入紅豆餡，做出一口大小的迷你銅鑼燒。
不只是當成下午茶，作為禮品同樣能夠送進心坎裡。

**材料：直徑6cm的餅皮15片**

蛋－2顆

A｜上白糖－80g
｜抹茶－1小匙

蜂蜜－1大匙

水－50ml

｜低筋麵粉－120g
｜泡打粉－½小匙

紅豆粒餡（市售品）－300g

**事前準備**

・A的抹茶要過篩，和上白糖混合備用。

**作法**

1 在攪拌盆中將蛋打散，加入準備好的A，用手持打蛋器打發起泡。確實打到有濃稠感，用手持打蛋器舀起時會留下痕跡的程度。

2 混入蜂蜜、水。篩入混合好的低筋麵粉和泡打粉，用手持打蛋器攪拌到沒有粉感。

3 用保鮮膜覆蓋2的攪拌盆，放入冰箱靜置約30分鐘。

4 以中火加熱平底鍋，滴入1滴水，如果水滴會滾動就轉為小火，用廚房紙巾抹上薄薄一層沙拉油（另外準備）。將1大匙的麵糊放入鍋中，自然地延展成直徑約6cm的大小。視平底鍋的大小而定，同時煎2～3片。

5 等到3分鐘後表面開始冒出氣泡，就翻面繼續煎約1分鐘，然後取出。以相同方式一共煎出30片。

6 待餅皮冷卻，將分成15等分的紅豆粒餡放在1片餅皮上，用另1片夾起來。其餘的作法亦同。

# 抹茶瑪德蓮

抹茶的迷人香氣和奶油的風味，共同譜出美妙的協奏曲。
剝開後美麗的綠色更是賞心悅目。
只要烤得外表酥脆、裡面濕潤就是成功的瑪德蓮。

**材料：縱長8㎝的瑪德蓮模6個份**

蛋—1顆

細砂糖—50g

蜂蜜—½大匙

牛奶—1大匙

A
- 低筋麵粉—50g
- 抹茶—1又½小匙
- 泡打粉—⅓ 小匙

奶油—50g

**事前準備**

- 在模具上薄塗奶油（另外準備），再撒上薄薄一層高筋麵粉（另外準備），抖掉多餘的粉後放進冰箱冷藏。
- A的抹茶要過篩備用。
- 烤箱預熱至190℃。

**作法**

1. 在攪拌盆中將蛋打散，加入細砂糖，用手持打蛋器攪拌。混入蜂蜜和牛奶。
2. 將混合好的A的粉類篩入1中（a），立起手持打蛋器，以畫圓方式攪拌到沒有粉感（b）。
3. 在小鍋中放入奶油，開中火加熱到奶油融化，然後趁熱倒在矽膠刮刀上加入2中（c），繼續用手持打蛋器攪拌。
4. 用保鮮膜覆蓋3的攪拌盆，放入冰箱靜置約1小時。
5. 將4擠入模具（d），以190℃的烤箱烤13～15分鐘。烤至膨起的肚臍部分水分收乾即完成。
6. 烤好後立刻脫模，置於網架上放涼。

a

b

c

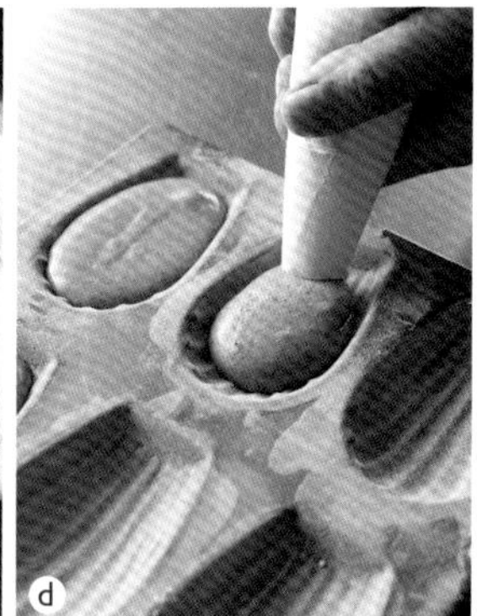
d

# 抹茶的特調飲品

能夠一次品嚐到滑順奶油
和冰塊脆脆口感的凍飲，
製作重點在於使用
以牛奶結凍而成的牛奶冰。
和抹茶非常對味的
白巧克力熱飲，則是利用
巧克力取代砂糖來增添甜味。

## 抹茶凍飲

**材料：2人份**

- 抹茶—2小匙
- 砂糖—4小匙
- 熱水—4小匙

- 鮮奶油—100ml
- 細砂糖—10g

牛奶冰使用的牛奶—200ml
牛奶—100ml

**作法**

1. 將牛奶冰使用的牛奶裝進製冰盒或密閉容器冷凍備用。
2. 在攪拌盆中放入鮮奶油和細砂糖，在盆底放置冰水，用手持打蛋器打成九分發。
3. 用茶篩將抹茶篩入小的攪拌盆，加入砂糖混勻後倒入熱水，攪拌溶解。
4. 在果汁機中放入牛奶冰、牛奶、3，攪打成柔順狀。倒入玻璃杯中，再放上2。

## 抹茶熱巧克力

**材料：2人份**

白巧克力—20g
抹茶—1小匙
牛奶—200ml
裝飾用抹茶（依個人喜好）—適量

**作法**

1. 在杯中放入切碎的白巧克力，用茶篩將抹茶篩入杯中。
2. 在小鍋中放入牛奶加熱到快要煮沸，先將1小匙加入1中攪勻，再把剩下的牛奶倒進去攪拌。倒入杯中，用茶篩篩入抹茶。

# 抹茶與甜點

除了料理研究家外，飯塚小姐還有另一個身分是平面設計師。據說她小學3年級時第一次製作的甜點是瑪德蓮。

「我雖然在日常生活中不是很常泡抹茶來喝，卻非常喜歡也很常製作美味又賞心悅目的抹茶甜點」飯塚小姐如此說道。「抹茶的微苦，和紅豆、奶油、鮮奶油等乳製品，以及巧克力等甜味強烈的材料非常對味。和其他種類的茶不同，不需要磨細、熬煮就能直接使用，也是抹茶的一大魅力」。

至於製作甜點時抹茶的使用方法，飯塚小姐表示「祕訣就是，顆粒細緻的抹茶一定要過篩，以免結塊。若是和粉類一起過篩，或者先和砂糖混勻再加進去，都會更充分地與麵糊融合。在什麼時間點、以何種方式加入抹茶，是抹茶甜點的成功關鍵」。

「抹茶的價格帶很廣，如果是做成要和各種材料混合使用的甜點，選擇茶道所用的抹茶總覺得有些浪費」飯塚小姐這麼說。

「我通常都是到日本茶專賣店，挑選品質好、價格又實惠的商品。市面上雖然有很多抹茶甜點，但抹茶是一種新鮮度很容易就下降的東西，所以還是自己親手製作，才能品嚐到香氣十足、顏色漂亮，風味絕佳的甜點」。

## 飯塚有紀子

料理研究家，平面設計師。從大學在學期間便開始正式學習製作甜點，在設計事務所工作一段時間後，自2000年起開設甜點教室「un pur...」至今，不斷推出在日常生活中也能輕鬆製作的甜點。現在，透過推廣手作美味生活的食譜網站<eat at home>，傳授如何延長保存食品、發酵食品等食材的保存期限……等各式各樣生活中的寶貴知識和食譜。著有《10步驟完成！一次就成功的暖心甜點》、《10步驟完成！四季水果甜點、果醬33款》（皆為雷鳥社出版）、《午後三點的菓子教室》（NHK出版）等多本著作。
www.eat-at-home.jp/

堆滿甜點模具的廚房層架。製作小點心所用的模具經常被用來招待客人。

# PART 3

# 日本茶甜點

## 煎茶、焙茶

◉ 甜點製作／小堀紀代美

不只是放進茶壺中飲用，近年來，像是以綠茶、焙茶製作奶茶等，
這類嶄新的日本茶飲用法也備受矚目。
另外，除了飲用，只要熬煮或磨碎茶葉後加進甜點麵糊中，
日本茶的世界又會變得更加開闊。
淺綠色的清爽煎茶、芳香的琥珀色焙茶，
以下將介紹充分發揮各自風味的甜點食譜。

# A 種類

・煎茶

最常為人所飲用的日本茶代表。作法是將不遮蔽陽光栽培而成的茶葉，未經發酵直接燜蒸，然後一邊充分揉捻、一邊使其乾燥。特徵是香氣清爽，簡練的風味巧妙地調和了澀味與甘甜。

・焙茶

將煎茶或番茶的硬梗和葉子焙煎製成的茶。因為經過烘焙，其中所含的咖啡因和茶單寧，與煎茶相比減少許多。可以享受到香氣和輕盈的風味。香氣、味道、茶色會隨原本使用的茶葉種類不同而異。

# B 事前準備

煎茶、焙茶要放入塑膠袋中，隔著袋子用手揉碎。如果有的話，最好可以使用磨粉機。

煎茶要加入少量的熱水（約80℃），焙茶則加入少量滾水燜蒸。有些甜點也會在這個步驟加入牛奶或鮮奶油一起熬煮。

以焙茶來說，放入鍋中以中小火乾炒，會讓香氣更顯濃郁。而且先炒乾水分也會變得比較好切碎。

# C 製作糖漿

## 焙茶糖漿

**材料：成品約300ml**

焙茶－10g
細砂糖－100g
熱水－100ml
水－200ml

**作法**

1 在耐熱容器中放入細砂糖和熱水混勻，讓細砂糖溶解。
2 待大致冷卻就加入水和焙茶，放入冰箱冷泡7～8小時。
3 用茶篩過濾茶葉，裝入保存容器，放入冰箱保存。

**使用方法**

使用於「焙茶寒天和白玉湯圓佐茶糖漿」（p.54）。除此之外，也可以淋在蜜紅豆和剉冰上，或是把法式吐司的蛋液中的牛奶換成這個糖漿。另外，也很推薦加入牛奶做成焙茶牛奶冰。

# 葡萄焙茶派

散發經過焙煎的濃郁香氣，是加入焙茶的派皮獨有的特色。
這道派只需要用手摺擀好的派皮邊緣，不需要使用模具。
除了葡萄外，也可以改用柳橙、無花果等其他水果。

**材料：直徑20cm大的派1個份**

高筋麵粉—100g

鹽—1撮

奶油—55g

冷水—45ml

焙茶—10g

葡萄*—230～250g

融化奶油—20g

細砂糖—2～3大匙

＊混合紅葡萄等可連皮食用的無籽品種約3種。

**事前準備**

· 焙茶要放入塑膠袋中，用手揉碎。
· 奶油要切成1cm見方的小塊。
· 將奶油塊、鹽、過篩好的高筋麵粉放入冰箱冷藏，或放入冷凍庫約10分鐘。
· 大顆的葡萄要對切。
· 烤箱預熱至190℃。

**作法**

1. 在攪拌盆中放入高筋麵粉和鹽，用叉子畫圓混勻。加入奶油攪拌一下，用刮板（有的話就準備2片）一邊切碎奶油、一邊和粉混合（a）。
2. 奶油切碎之後，用指尖像是要把奶油揉進粉中一樣地搓揉，搓成乾爽的狀態。加入準備好的茶葉，用叉子混勻（b）。
3. 在2中加入一半的冷水，用叉子大略攪拌。接著像用手指捏住一般（c），讓麵團聚合。在留有粉感的部分加入剩下的冷水，用叉子大略攪拌。
4. 用手指將麵團捏成塊狀。然後聚合起來揉捏2～3次，揉成一個麵團。用保鮮膜包覆，放入冰箱冷藏靜置約1小時。
5. 在烘焙紙上撒高筋麵粉（另外準備）作為手粉，放上4，用擀麵棒擀成直徑約25cm的圓形（d）。在麵團上撒少許細砂糖（另外準備）。途中如果麵團開始變軟，就放進冰箱冷藏約10分鐘。
6. 在離麵團邊緣約3cm處排上一圈葡萄，接著在其內側排滿葡萄。一邊將麵團的邊緣摺出皺褶（e），一邊蓋在葡萄上。
7. 用刷子沾融化奶油塗在麵團和葡萄上，然後從上面均勻撒上一半的細砂糖。
8. 將7連同烘焙紙移到烤盤上，以190℃的烤箱烤60～70分鐘。從烤箱中取出，撒上剩下的細砂糖。

＊如果冷掉了，最好用烤箱或電烤箱重新加熱再食用。

a

b

c

d

e

# 煎茶奶油馬斯卡彭蛋糕

**甜度含蓄、日西合璧的提拉米蘇風乳酪蛋糕。**
**分別加入糖漿和鮮奶油的煎茶，凸顯了乳酪的風味。**
**清爽不膩口的滋味讓人一吃上癮。**

**材料：21×15×高4.5cm的容器1個份**

蛋黃－2顆份
細砂糖－30g
馬斯卡彭乳酪－150g
煎茶－5g
鮮奶油（乳脂肪含量45～47%）－100ml
手指餅乾－10根
開心果（有的話）－15g

《煎茶糖漿》

煎茶－5g
熱水－150ml
細砂糖－30g
檸檬汁－⅓小匙

**事前準備**

- 在塑膠袋中放入茶葉揉碎，然後淋上1小匙熱水（另外準備），再混入鮮奶油。放入冰箱冷藏靜置30分鐘～一晚。
- 開心果要切碎。

**作法**

1. 製作煎茶糖漿。在茶葉中注入熱水，燜蒸2～3分鐘。過濾茶湯，加入細砂糖溶解（a），然後混入檸檬汁。
2. 讓餅乾的兩面沾上1的糖漿，排放在容器內（b）。如果糖漿有剩，就淋在餅乾上。
3. 在攪拌盆中放入蛋黃和細砂糖，用手持電動攪拌器攪打至泛白。加入馬斯卡彭乳酪和準備好的茶葉鮮奶油（c），攪拌成帶有濃稠感的質地（d）。
4. 將3放在2的餅乾上（e），抹平表面，放入冰箱冷藏3～4小時。裝飾上開心果碎末。

a

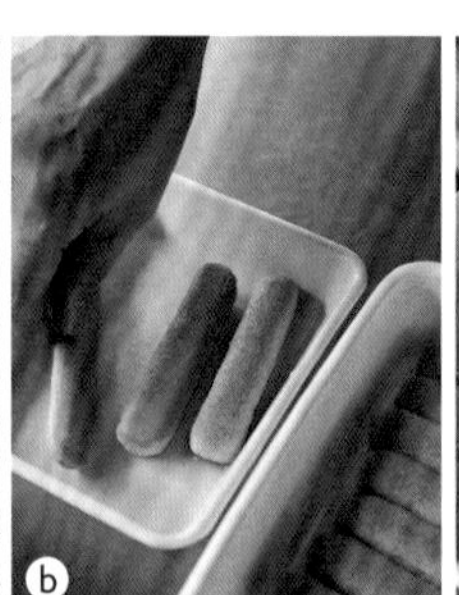
b

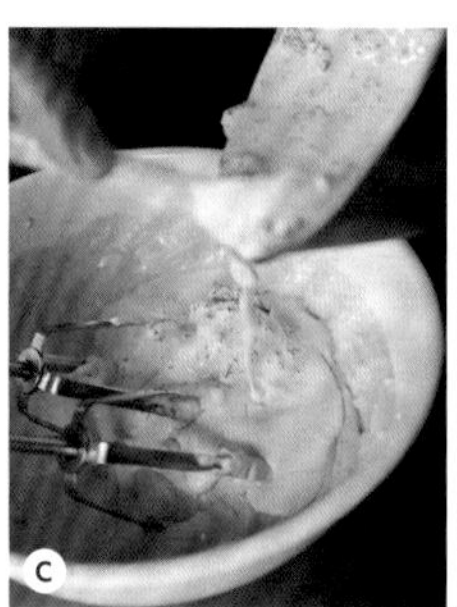
c

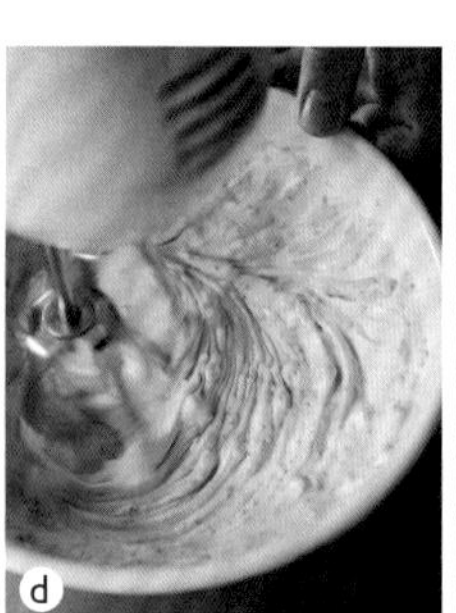
d

e

# 焙茶綜合堅果脆餅

只要拌一拌，轉眼就能完成這道口感酥脆迷人的餅乾。
焙茶茶葉經過烘烤後，展現出輕盈又芳香的風味。

**材料：直徑5～6cm大的餅乾30～35片份**

低筋麵粉－30g

A
- 焙茶－10g
- 細砂糖－100g
- 鹽－1撮

蛋白－1顆份（36～38g）

綜合堅果*－50g

糖粉－適量

＊混合腰果、核桃、杏仁等喜歡的堅果。

**作法**

1. 將低筋麵粉篩入攪拌盆中，接著加入A，用手持打蛋器攪拌均勻。
2. 加入蛋白，用矽膠刮刀像在攪拌盆上磨擦一般攪拌到沒有粉感，讓乾料吸收蛋白的水分。混入堅果。
3. 用湯匙1小匙、1小匙地舀起2的麵糊，保持一定間隔放在烤盤上。用茶篩撒上糖粉。
4. 以160℃的烤箱烤約25分鐘。從烤箱中取出，待完全冷卻即可輕輕從烤盤上取下。

＊在密閉容器內放入乾燥劑，常溫保存。

**事前準備**

- A的焙茶要放入塑膠袋中揉碎，混入細砂糖和鹽備用。
- 堅果類要切成粗粒。
- 在烤盤上鋪烘焙紙。
- 烤箱預熱至160℃。

# 煎茶瑪德蓮

煎茶簡練細緻的甜味，和奶油非常契合。
口感酥脆輕盈的瑪德蓮，請烤好後務必立刻享用。

**材料：縱長7.5㎝的瑪德蓮模8個份**

蛋—1顆
細砂糖—50g
煎茶—8g
A ｜低筋麵粉—50g
　｜泡打粉—½小匙
　｜鹽—1撮
奶油—60g

**事前準備**

- 煎茶要放入塑膠袋中揉碎，然後加入1大匙熱水（約80℃）燜蒸。
- 蛋要回復至室溫。
- 在模具上薄塗奶油（另外準備），再撒上高筋麵粉（另外準備），放入冰箱冷藏備用。
- 烤箱預熱至180℃。

**作法**

1. 在攪拌盆中將蛋打散。加入細砂糖和準備好的茶葉，用手持打蛋器攪拌。
2. 篩入混合好的A的粉類，用手持打蛋器攪拌到沒有粉感。
3. 以隔水加熱的方式融化奶油。待大致冷卻，分5次加入2中，每次加入都要用手持打蛋器攪拌成柔順狀。
4. 用保鮮膜覆蓋3的攪拌盆，在室溫下靜置約30分鐘。
5. 將4的麵糊填入擠花袋，擠入模具至八分滿。
6. 以180℃的烤箱烤15～18分鐘。烤好後在檯面上輕摔，立刻脫模。置於網架上放涼。

# 煎茶磅蛋糕 檸檬糖霜

**加入大量煎茶茶葉，擁有美麗淺綠色斷面的磅蛋糕。**
**添加的柳橙皮不僅味道契合，更凸顯了煎茶的香氣。**
**最後淋上檸檬糖霜，讓整體質感更升一級。**

**材料：18×8×高8cm的磅蛋糕模1個份**

奶油—100g
細砂糖—100g
煎茶—15g
蛋—2顆
- 低筋麵粉—100g
- 泡打粉—½小匙

柳橙皮（切碎）*—50g

**《檸檬糖霜》**
- 糖粉—75g
- 檸檬汁—1大匙

*將柳橙皮細絲切成5mm見方。

**事前準備**

- 煎茶要放入塑膠袋中揉碎，然後加入2大匙熱水（約80℃）燜蒸。
- 奶油和蛋要回復至室溫。
- 在柳橙皮上撒1小匙低筋麵粉（另外準備）。
- 在模具內鋪烘焙紙。
- 烤箱預熱至180℃。

**作法**

1. 在攪拌盆中放入奶油和細砂糖，用手持電動攪拌器充分攪打至泛白。加入準備好的茶葉，繼續攪拌（a）。
2. 分次少量地加入蛋液（b），每次加入都要用手持電動攪拌器攪拌到完全融合，以免分離。
3. 混合低筋麵粉和泡打粉篩入其中，用矽膠刮刀輕柔地以切拌方式攪拌到看不見粉類（c）。混入柳橙皮。
4. 將3倒入模具，抹平表面。為了讓中心出現漂亮的裂痕，要在正中央將刀子伸入底部，來回劃刀（d）。以180℃的烤箱烤約50分鐘，脫模放涼。
5. 製作檸檬糖霜。在糖粉中加入檸檬汁，攪拌成柔順狀。
6. 待4大致冷卻之後，用湯匙的背面將5的糖霜塗抹在上面（e），靜置乾燥到糖霜不會沾手為止。

a

b

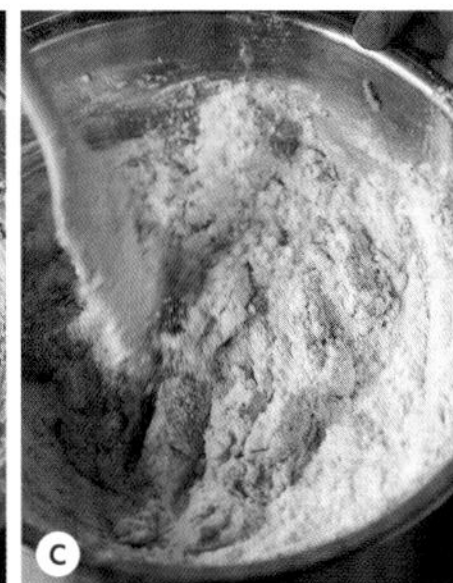
c

d

e

# 焙茶寒天和白玉湯圓佐茶糖漿

充分帶出焙茶的醇厚與甘甜，非常適合餐後享用的冰涼甜點。
製作祕訣在於急速冷卻，這樣才能讓寒天呈現漂亮的琥珀色。
添上焙茶糖漿，讓口感更加滑順清爽。

**材料：12×14.5㎝的不鏽鋼豆腐模1個份**

《焙茶寒天》

- 焙茶－10g
- 滾水－500ml
- 細砂糖－50g
- 寒天粉－4g
- 水－100ml

《白玉湯圓》

- 白玉湯圓粉－50g
- 水－50～60ml

焙茶糖漿（參考p.45）－全量

**事前準備**

・參考p.45製作「焙茶糖漿」。

**作法**

1 製作焙茶寒天。在小鍋或攪拌盆中放入茶葉，倒入熱水，加蓋燜蒸1～2分鐘。把鋪有廚房紙巾的篩網放在攪拌盆上過濾（a）。

2 在小鍋中放入水和寒天粉混合。開中火煮滾後，一邊以小火保持沸騰狀態、一邊煮3分鐘（b），讓寒天粉完全溶解。加入1的焙茶和細砂糖混勻，大致放涼。

3 以水迅速弄濕模具後倒入2（c）。

4 將3擺在裝有冰水的淺盤上，急速冷卻。15～20分鐘後放入冰箱，冷藏凝固1～2小時。

5 製作白玉湯圓。在攪拌盆中放入白玉湯圓粉，一邊分次少量地加入水，一邊揉成和耳垂差不多的柔軟度。取適量放在手掌上揉圓，然後讓正中央凹陷。

6 將5放入滾水中煮。等到白玉湯圓浮上來就再煮約1分鐘（d），放入冷水中，然後瀝乾水分。

7 待4的寒天凝固就脫模，切成1㎝見方。將寒天和白玉湯圓盛入容器，注入焙茶糖漿。

a

b

c

d

# 焙茶布丁

將濃郁的焙茶風味轉移到牛奶中，以吉利丁凝固成形。
是一款口味懷舊、綿滑細緻的布丁。

**材料：容量80ml的杯子6個份**

焙茶－20g

牛奶－500ml

黍砂糖－40g

吉利丁粉－10g

水－60ml

**事前準備**

・將吉利丁粉
加入60ml的水中泡開。

**作法**

1 在鍋中放入茶葉乾炒，等到產生香氣就加入3大匙滾水（另外準備）。混入牛奶加熱到快要沸騰，然後關火蒸2～3分鐘，過濾到攪拌盆中。

2 在1中加入黍砂糖和準備好的吉利丁，充分攪拌到溶解。在盆底放置冰水，一邊冷卻、一邊攪拌到產生些許濃稠度。

3 將2平均地倒入杯中，放入冰箱冷藏凝固3～4小時。

# 煎茶風味水羊羹

**入口之後，煎茶恰到好處的苦味會在口中散開。杏桃的酸甜滋味令人驚豔。**
**雖然感覺像是道地的和菓子，但其實只需要攪拌凝固即可完成。**

**材料：12×14.5cm的不鏽鋼豆腐模1個份**

煎茶—15g
細砂糖—30g
寒天粉—3g
水—150ml
白豆沙（市售品）—250g
鹽—1撮
杏桃（乾燥）—6顆

**事前準備**

・在攪拌盆中放入煎茶，
倒入熱水300ml（約80℃）燜蒸約5分鐘。
一邊按壓茶葉，一邊過濾。

**作法**

1 在小鍋中放入水和寒天粉混合。開中火煮滾後以小火保持沸騰狀態，一邊攪拌一邊煮3分鐘，讓寒天粉完全溶解。
2 加入準備好的煎茶液和細砂糖混合均匀，再次沸騰後關火，加入白豆沙、鹽，攪拌成滑順狀。
3 攪拌2到大致冷卻，然後倒入以水迅速弄濕的模具中。等間隔地放入杏桃，送進冰箱冷藏凝固4小時以上。

# 蘋果無花果焙茶瑪芬

加入大量茶葉烘烤的瑪芬，剛出爐時頂部又酥又脆，味道真是棒極了！
焙茶的風味和味道富有層次的砂糖非常契合。
依個人喜好可以直接享用，也可以隨意擺上新鮮水果後品嚐。

**材料：直徑7×高3㎝的瑪芬模6個份**

焙茶—10g
牛奶—2大匙
奶油—60g
黍砂糖—80g
蛋—1顆
酸奶油—50g
A 低筋麵粉—150g
泡打粉—½小匙
小蘇打粉—¼小匙
鹽—1撮
無花果—½顆
蘋果—¼顆
裝飾用細砂糖、焙茶—各適量

**事前準備**

· 焙茶要放入塑膠袋中揉碎，然後加入牛奶浸濕。
· 奶油和蛋要回復至室溫。
· A的粉類要混合過篩。
· 在模具內放入紙杯。
· 烤箱預熱至180℃。

**作法**

1 在攪拌盆中放入奶油和黍砂糖，再用手持電動攪拌器攪打至泛白。
2 混入準備好的茶葉（a）。
3 分3次加入蛋液（b），每次加入都要用手持電動攪拌器充分攪拌到沒有水氣為止。
4 在3中依序加入：⅓的A、一半的酸奶油、⅓的A（c）、剩下的酸奶油（d）、⅓的A，每次加入都要用矽膠刮刀以切拌方式攪拌到沒有粉感。
5 無花果去蒂頭後切成4等分。蘋果去芯，連皮切成薄片。
6 將4的麵糊平均地倒入模具，做出2個原味和無花果、蘋果口味的瑪芬各2個（e）。在上面撒上少許茶葉和細砂糖。
7 以180℃的烤箱烤約25分鐘。插入竹籤，如果沒有沾黏即可出爐。連同紙杯一起置於網架上放涼，大致冷卻。

a

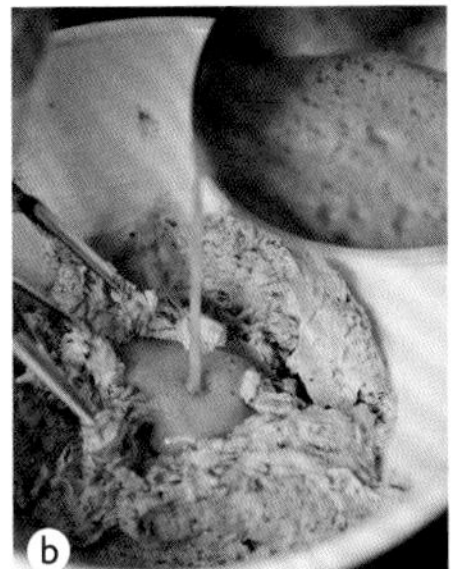
b

c

d

e

## 洋甘菊焙茶奶茶

**材料：2人份**

A
- 焙茶－5g
- 洋甘菊茶－5g
- 滾水－100ml

牛奶－400ml

**作法**

1. 在鍋中放入A，加蓋燜蒸約1分鐘。
加入牛奶煮到快要沸騰。
2. 用茶篩過濾1，注入杯中。

# 日本茶的特調飲品

煎茶、焙茶

焙茶奶茶除了洋甘菊外，
也很推薦加入肉桂、小荳蔻等香料。
至於呈現煎茶清爽翠綠色澤的香草冰茶，則是除了薄荷外，
也可依個人喜好加入檸檬草、檸檬馬鞭草等香草。

## 冰香草煎茶

**材料：2人份**

煎茶－10g
薄荷葉－15g
熱水－400ml

**作法**

1. 在耐熱容器中放入茶葉和薄荷，倒入約80℃的熱水，靜置3～4分鐘。
2. 在玻璃杯中放入大量冰塊，用茶篩過濾1注入其中。

# 日本茶與甜點

小豬擺設是陶藝家鹿兒島睦先生的作品。茶具組則是在葡萄牙購得。

「我經常把日本茶當成一天的分界點來飲用。比方說，早上起床後想要振奮精神會喝煎茶，工作結束後則會喝焙茶來喘個氣、放鬆一下」小堀小姐表示。她雖然平時很愛喝茶，不過這次還是第一次挑戰用茶葉來製作甜點。

小堀小姐反覆試作甜點到都快要茶醉了，而她最後得到的結論是：「要讓甜點呈現出茶的風味和存在感，祕訣就是要像在吃茶一樣地大量使用。所以，這次每道食譜的茶葉用量都相當多」。

關於日本茶和甜點的搭配方式，她認為煎茶和檸檬、柳橙等柑橘類水果及乳製品很契合，而想要充分發揮茶細膩的香氣，則建議使用甜味清爽的細砂糖。

「相反的，焙茶則十分適合搭配黍砂糖、黑砂糖這類濃郁豐厚的砂糖。此外，焙茶也和紅豆餡、巧克力等的甜味，以及香草、香料的味道很搭」。

除了以上所述，萃取茶湯的溫度也很重要。「燜蒸焙茶時要用滾水，煎茶則要以溫度較低的80℃左右的熱水來帶出香氣」。

製作澄澈的琥珀色焙茶糖漿時，建議採取不易產生冷後混*的冷泡方式。

*茶葉中所含的茶單寧和咖啡因結合，使得液體變得混濁的現象。

小堀小姐稱自己是「料理努力家」，隨時保持心情愉悅是她的座右銘。美味程度深獲好評的料理教室，總是公布開課沒多久就被預約一空。

抽屜裡擺滿出自名家之手、質感溫潤的茶壺和茶碗。

### 小堀紀代美

料理家。曾在東京富谷開設人氣咖啡店「LIKE LIKE KITCHEN」，現在則以同名在自家成立料理教室。以開設大型西式甜點店的老家為根基，以旅遊世界各國所遇見的味道為靈感，思考出獨創的料理食譜。除了透過雜誌和書籍介紹，也會在YouTube和Instagram（@likelikekitchen）上發表資訊。著有《LIKE LIKE KITCHEN的每日和食》（椲出版）、《預約不到的料理教室 LIKE LIKE KITCHEN的美味祕方》（主婦之友社）、《2道菜搞定義大利麵套餐》（文化出版局）等書。

# PART 4

# 中國茶甜點

◉甜點製作／ムラヨシマサユキ

作為飯後飲用的茶，如今中國茶早已融入我們的日常生活中。
烏龍茶、普洱茶、茉莉花茶。
只要將各種茶葉的個性和圓潤的餘韻帶出來，
平凡的甜點也能脫胎換骨展現出新滋味。
以下將介紹能夠直接品嚐到
中國茶風味、帶有東方情調的甜點。

## A 種類

### ・烏龍茶

日本最普遍的中國茶。放入鐵鍋中翻炒加熱，被分類為在很早的階段就停止發酵的半發酵茶的青茶。種類繁多，風味也隨半發酵和焙煎的程度而各有不同。同為青茶的還有著名的鐵觀音、岩茶等。

### ・普洱茶

原產地是中國的雲南省。在中國茶之中被分類為黑茶。是一種將微生物移植到茶葉上使其發酵的茶，茶色濃厚，據說有消除體脂肪的功效。帶有熟成香氣，熟成期愈長者價值愈高。

### ・茉莉花茶

讓綠茶等茶種帶有茉莉花的香味，是一種被分類為花茶的調味茶。在港式茶餐廳也很常見。清爽的香甜氣味為此種茶的特徵，味道爽口、很好入喉。

## B 事前準備

將茶葉放入研磨缽中搗碎，便能讓口感變得滑順，並且將風味完整釋放出來。如果有的話，最好可以使用磨粉機，這樣就可以直接加進麵糊中了。

在煮沸的熱水中放入茶葉，加蓋燜蒸，讓蜷縮的茶葉舒展開來，以便萃取出更濃郁的茶湯。有些甜點也會在這個步驟加入牛奶或鮮奶油一起熬煮。

## C 製作糖漿

### 茉莉花茶糖漿

**材料：成品約100ml**

中國茶（茉莉花茶）－5g
細砂糖－100g
蜂蜜（有的話）－1小匙

**作法**

1　在小鍋中煮沸100ml的熱水（另外準備）後關火，放入茶葉，加蓋燜蒸3～4分鐘。

2　加入細砂糖、蜂蜜，攪拌溶解。再次開中火煮滾後關火。

3　冷卻後放入保存容器，置於冰箱保存。

**使用方法**

本書將糖漿使用於「茉莉花茶牛奶布丁」（p.66）、「茉莉花茶雪酪」（p.74）。也可以淋在果凍上，或當成剉冰的糖漿。另外，淋在白玉湯圓上也十分美味。

# 普洱茶蜂蜜蛋糕

這道以全蛋打發的方式製作的蜂蜜蛋糕，是利用分量較多的上白糖，
烤出細緻且濕潤的質地。普洱茶濃郁的香氣，和蜂蜜蛋糕的蛋香風味非常契合。
麵糊和頂部配料都使用了香氣撲鼻的茶葉。

**材料：21×16.5×高3cm的方形淺盤1個份**

中國茶（普洱茶）—4g
蜂蜜—½大匙
蛋—3顆
上白糖—100g
高筋麵粉—90g
杏仁片—10g

**事前準備**

・蛋要回復至室溫。
・在方形淺盤內鋪上大張烘焙紙，使其超出淺盤之外。
・烤箱預熱至170℃。

**作法**

1. 在鍋中煮沸40ml的熱水（另外準備），放入茶葉，關火加蓋燜蒸5分鐘。過濾後取20ml和蜂蜜混合。剩下的茶葉則瀝乾水分備用。
2. 在攪拌盆中打入蛋，以低速的手持電動攪拌器攪拌。加入上白糖，以50～60℃的熱水隔水加熱（a）一邊攪拌。等到蛋液升到和人體肌膚差不多的溫度，就結束隔水加熱。
3. 將手持電動攪拌器轉為高速，打成4～5分發，舀起時蛋糊會呈緞帶狀滑落的狀態（b）。接著轉成低速慢慢攪拌約2分鐘，調整蛋糊的質地。
4. 篩入高筋麵粉，用矽膠刮刀攪拌到沒有粉感。加入1的液體（c），攪拌80～100次，做成滑順有光澤的麵糊（d）。
5. 倒入方形淺盤，在表面撒上杏仁片，再撒上事先預留的1的茶葉（e）。
6. 以170℃的烤箱烤約15分鐘，直到表面呈現金黃色為止，然後降至150℃，繼續烤約15分鐘。在中央插入竹籤，如果沒有沾黏即可出爐。
7. 從烤箱中取出，在表面鋪上烘焙紙，翻面放在檯面上。待大致冷卻，就連同烘焙紙用保鮮膜包起，靜置到完全冷卻。

＊雖然也可以馬上吃，但是靜置半天左右會更加濕潤美味。

a

b

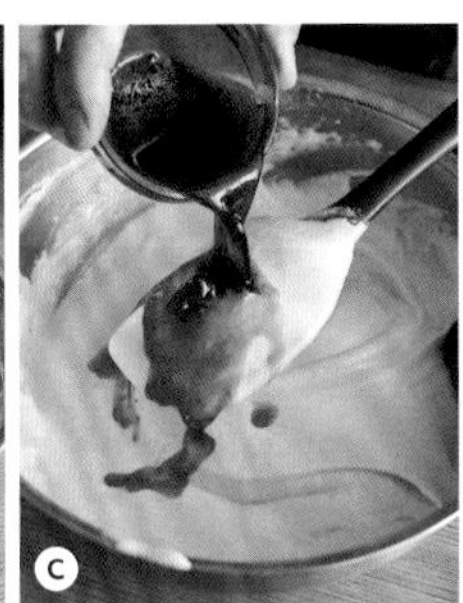
c

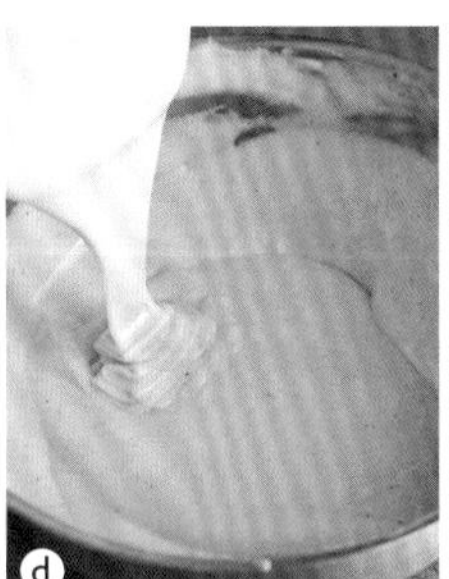
d

e

# 茉莉花茶牛奶布丁

將茶葉的香氣轉移到牛奶中，做成這道濃郁的大人風味白色布丁。
利用在茉莉花茶中加入梅酒做成的糖漿，讓整體美味更加升級。
除了臭橙外，也可以利用萊姆、青柚等柑橘類的皮來增添香氣。

**材料：容量100ml的玻璃杯5個份**

中國茶（茉莉花茶）—2g
薑（薄片）—2片
臭橙皮—1顆份
牛奶—100ml
細砂糖—2大匙
吉利丁片—5g
鮮奶油—200ml
A ｜ 茉莉花茶糖漿（參考p.63）—2大匙
　｜ 梅酒—2大匙

**事前準備**

- 參考p.63製作「茉莉花茶糖漿」。
- 吉利丁片要放入冰水中浸泡2～3分鐘，泡軟後擠乾水分。
- 將A混合備用。

**作法**

1. 在鍋中煮沸50ml的熱水（另外準備），放入茶葉和薑，關火加蓋燜蒸約5分鐘（a）。加入臭橙皮、牛奶和細砂糖，開中火（b）煮到沸騰後轉小火煮1～2分鐘，然後關火。
2. 靜置2～3分鐘後加入吉利丁片（c）溶解，以篩網過濾移入攪拌盆。
3. 加入鮮奶油，在盆底放置冰水，用矽膠刮刀攪拌到產生濃稠度（d）。
4. 平均地倒入玻璃杯，放入冰箱冷藏凝固1～2小時。依個人喜好淋上適量的A。

# 普洱茶雪球餅乾

**口感鬆軟，圓滾滾的外型也好可愛的餅乾。**
**最後也撒上茶葉，讓整體散發濃郁茶香。**

**材料：直徑3cm大的餅乾約15個份**

奶油－50g

糖粉－15g

杏仁粉－15g

炒黑芝麻－1小匙

A｜低筋麵粉－70g
｜中國茶（普洱茶）－2g

B｜糖粉－適量（約100g）
｜中國茶（普洱茶）－少許

**事前準備**

- A和B的普洱茶要用研磨缽磨成粉狀。
- 奶油要回復至室溫。
- 在烤盤上鋪烘焙紙。
- 烤箱預熱至160℃。

**作法**

1. 在攪拌盆中放入奶油，篩入糖粉，用矽膠刮刀攪拌均勻。加入杏仁粉、黑芝麻繼續攪拌。
2. 篩入混合好的A，攪拌到沒有粉感。從這裡開始到麵團的硬度變得一致之前，都要一邊將麵團壓向攪拌盆的側面、一邊攪拌。
3. 用湯匙舀起麵團，平均地分成各10g。用雙手的手掌夾著滾動，揉圓後放在淺盤上。寬鬆地覆上保鮮膜，放入冰箱靜置約1小時。
4. 取一定間隔將3放在烤盤上，以160℃的烤箱烤14～16分鐘。連同烤盤放在網架上，大致放涼。冷卻後，用茶篩撒上混合好的B。

# 烏龍茶大理石磅蛋糕

將烏龍茶的深沉香氣融入麵糊，烤成大理石紋的圖案。
要製造出漂亮的紋路，祕訣就在於不要過度攪拌。

**材料：18×8.5×高6㎝的磅蛋糕模1個份**

奶油－100g
上白糖－80g
蛋－2顆
低筋麵粉－120g
泡打粉－½小匙
中國茶（烏龍茶）－4g
黑棗乾（無籽）－4～5顆

**事前準備**

· 奶油和蛋（打散）要回復至室溫。
· 烏龍茶要用研磨缽磨成粉狀。
· 黑棗要切成2～3㎝見方。
· 在模具內鋪烘焙紙。
· 烤箱預熱至170℃。

**作法**

1 在攪拌盆中放入奶油、上白糖，再用手持打蛋器充分攪拌至泛白。
2 將蛋分4～5次加入，每次加入都要充分攪拌，攪打成蓬鬆的乳霜狀。
3 混合低筋麵粉和泡打粉後篩入盆中，再用矽膠刮刀攪拌到沒有粉感。
4 取⅓的3放入別的攪拌盆，加入茶葉混合。倒回3的攪拌盆中，加入黑棗，迅速攪拌2～3次，製造出大理石紋路。
5 將麵糊倒入模具中，用矽膠刮刀抹平表面，以170℃的烤箱烤40～43分鐘。連同烘焙紙從模具中取出，再置於網架上放涼。

＊建議烤好後可以立刻用刷子在整體塗上杏露酒或蘭姆酒。

# 茉莉花茶紐約乳酪蛋糕

這款洋溢東方情調的乳酪蛋糕，撲鼻的茉莉花茶香氣令人印象深刻。
味道雖然濃郁，但是因為有了茶葉的清爽香氣，所以餘味十分爽口。
柑橘醬和乳酪糊中的茉莉花茶非常對味，堪稱是一大亮點。

**材料：直徑15cm的圓形活底模1個份**

《餅乾底》

- 全麥餅乾－40g
- 奶油－15g

中國茶（茉莉花茶）－4g
鮮奶油－50ml
奶油乳酪－400g
酸奶油－50g
細砂糖－70g
蛋黃－2顆份

A
- 低筋麵粉－10g
- 玉米粉－5g

柑橘醬－20g

**事前準備**

- 餅乾底的奶油要用微波爐或隔水加熱融化。
- 奶油乳酪要回復至室溫。
- 烤箱預熱至170℃。

**作法**

1. 製作餅乾底。將全麥餅乾放入厚塑膠袋中，用擀麵棒敲碎。放入攪拌盆中，加入融化奶油混勻。鋪入模具，用搗碎器按壓鋪平（a）。
2. 在鍋中煮沸30ml的熱水（另外準備），放入茶葉，關火加蓋燜蒸約2分鐘。加入鮮奶油，再次開中火煮滾後轉成小火煮2～3分鐘。等到出現濃稠感就關火，用篩網過篩。
3. 在攪拌盆中放入奶油乳酪、酸奶油，用矽膠刮刀攪拌成柔順狀。加入細砂糖、篩入混合好的A，繼續攪拌。
4. 加入蛋黃，改以手持打蛋器攪拌（b）。
5. 將一半的4放到其他攪拌盆中，加入2攪拌做成茉莉花茶乳酪糊（c）。剩下的½則加入柑橘醬混合。
6. 將柑橘醬乳酪糊倒入1的模具，用矽膠刮刀抹平表面。在上面倒入茉莉花茶乳酪糊（d），抹平表面。用鋁箔紙包覆模具底。
7. 將6放在鋪有烘焙紙的烤盤上，注入熱水至模具底部2cm的高度（e）。以170℃的烤箱水浴法烘烤40～50分鐘。
8. 連同模具取出放在網架上，大致放涼。之後連同模具放入冰箱，冷藏一晚～一天讓味道融合。

a

b

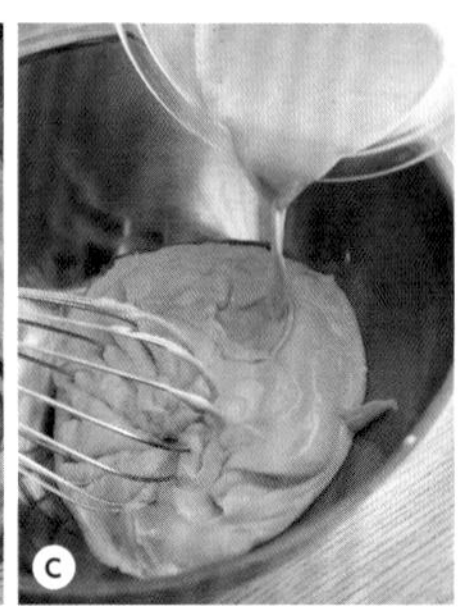
c

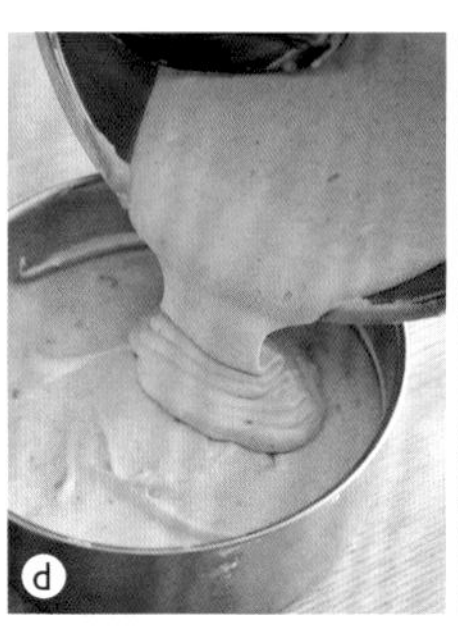
d

e

# 烏龍茶瑪德蓮

**茶葉和焦奶油的風味，讓味道和香氣產生層次變化。**
**用小貝殼模烤成的可愛造型，肯定會讓人開心歡呼。**
**白巧克力的裝飾讓蛋糕感覺更顯迷人。**

**材料：縱長5㎝的瑪德蓮模15個份**

蛋－1顆
蜂蜜－½大匙
細砂糖－2大匙
低筋麵粉－70g
泡打粉－¼小匙
中國茶（烏龍茶）－3g
奶油－60g
白巧克力*1－100g
中國茶（烏龍茶）－適量
玫瑰花瓣*2（有的話）－適量

＊1 市售的板狀巧克力即可。
＊2 可食用的乾燥玫瑰花瓣，可用於香草茶等之中。

**事前準備**

・烏龍茶要用研磨缽磨成粉狀。
・蛋要回復至室溫。
・在模具上薄塗奶油（另外準備），放入冰箱冷藏備用。
・烤箱預熱至180℃。

**作法**

1 在攪拌盆中放入蛋，用手持打蛋器打散，然後加入蜂蜜、細砂糖攪拌。混合低筋麵粉和泡打粉篩入盆中，用手持打蛋器攪拌到沒有粉感。
2 加入準備好的茶葉（a），繼續攪拌。
3 在小鍋中放入奶油，開中火熬煮到起泡且變成褐色，做成焦奶油（b）。加入2的攪拌盆中混合（c）。
4 將3放入冰箱冷藏靜置2～3小時。
5 將高筋麵粉（另外準備）過篩撒在準備好的模具上，然後用湯匙平均地放入4的麵糊（d）。
6 以180℃的烤箱烤12～15分鐘。烤好後在檯面上輕摔，立刻脫模，置於網架上放涼。
7 在攪拌盆中放入白巧克力，以隔水加熱的方式用手持打蛋器融化。讓半個瑪德蓮浸入其中（e），放在烘焙紙上晾乾。裝飾上切碎的烏龍茶和玫瑰花瓣。

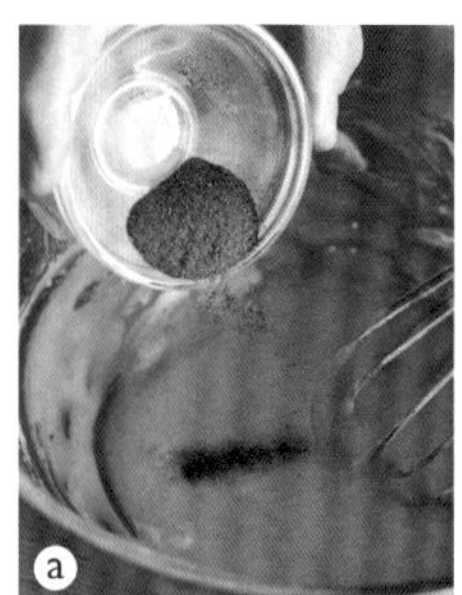
a

b

c

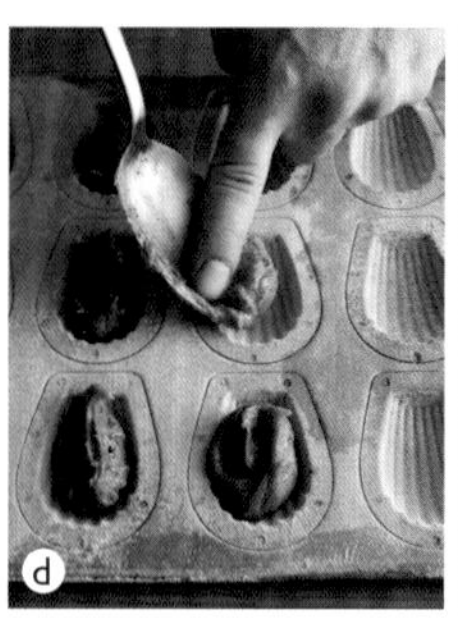
d

e

# 茉莉花茶雪酪

不僅散發出茉莉花香，同時擁有迷人爽脆口感的雪酪。
也可以嘗試搭配奇異果、芒果、水蜜桃罐頭等水果。

**材料：密封保存袋約300ml份**

哈密瓜、鳳梨等
　喜歡的綜合水果－150g
茉莉花茶糖漿（參考p.63）－50ml
牛奶－120ml

**事前準備**

・參考p.63製作
　「茉莉花茶糖漿」。

**作法**

1 水果去皮，切成2㎝的大小。
2 混合牛奶和茉莉花茶糖漿裝入保存袋，置於冷凍庫2小時以上。在快要結凍時加入1的水果，隔著袋子用手揉捏混合。
3 繼續放入冷凍庫冰凍2小時。
4 從冷凍庫取出，在室溫下放置1～2分鐘，隔著袋子用手輕輕搓開後盛入容器。

# 普洱茶水果寒天

將水果鎖在熬煮普洱茶而成的琥珀色寒天中。甜度低，餘味十分清爽。
建議可以做得大條一點，在家庭派對上和眾人同享。

**材料：18×8.5×高6㎝的磅蛋糕模1個份**

寒天粉－4g
水－450ml
中國茶（普洱茶）－4g
細砂糖－2大匙
芒果（冷凍）－150g
奇異果－1顆

**作法**

1 在鍋中放入450ml的水和寒天粉，以中火煮滾後加入茶葉，關火加蓋燜蒸3分鐘。用篩網過濾。
2 再次把1倒回鍋中，開火煮沸後繼續煮1～2分鐘。離火，加入細砂糖，用矽膠刮刀慢慢攪拌到大致冷卻。
3 奇異果去皮，切成2～3㎝見方。芒果也切成相同大小。
4 將水果美觀地排入模具，倒入2，放入冰箱冷藏凝固2小時以上。

＊也可依個人喜好淋上楓糖漿。

# 茉莉花茶生巧克力

柔滑細緻的生巧克力一放入口中，茉莉花茶的華麗香氣立刻擴散開來。
只要混入帶有茶葉香氣的鮮奶油即可，作法意外地簡單。
想要切得漂亮，祕訣就是每次切都要加熱刀子，並且擦拭過再切。

**材料：21×16.5×高3cm的方形淺盤1個份**

白巧克力（烘焙用，可可含量40%）—200g
中國茶（茉莉花茶）—5g
鮮奶油（乳脂肪含量40～45%）—80ml

《裝飾用》

- 糖粉—約50g
- 中國茶（茉莉花茶）—2小匙

**事前準備**

- 裝飾用的茉莉花茶要用研磨缽磨成粉狀。
- 在淺盤內鋪烘焙紙。

**作法**

1. 將白巧克力放入攪拌盆中，以50～60℃的熱水隔水加熱，一邊用矽膠刮刀緩緩地朝同個方向攪拌，使其融化（a）。
2. 在小鍋中煮沸30ml的熱水（另外準備），放入茶葉，關火加蓋燜蒸3分鐘。加入鮮奶油，開中火再次煮到沸騰，之後關火，加蓋燜蒸3分鐘（b）。
3. 用篩網過濾2加入1中，然後用手持打蛋器攪拌均勻（c）。
4. 倒入淺盤中，覆上保鮮膜，放入冰箱冷藏凝固2小時以上。
5. 連同烘焙紙一起取出，撕掉烘焙紙，分切成4×6列3cm見方的大小（d）。
6. 將裝飾用的糖粉和準備好的茶葉放入淺盤中混合，加入5，撒在巧克力的表面。

＊假使步驟5時巧克力容易沾黏，可以撒上用來裝飾的糖粉和茶葉的混合物，當成手粉使用。

# 中國茶的特調飲品

## 冰烏龍茶奶茶

**材料：2人份**

中國茶（烏龍茶）－4g

滾水－200ml

牛奶－240ml

煉乳－適量

**作法**

1 將茶葉放入茶壺中，注入滾水燜蒸約3分鐘。

2 在玻璃杯中放入大量冰塊，用茶篩過濾注入1。加入煉乳調整成喜歡的甜度，最後加入牛奶混勻。

以牛奶稀釋泡得較濃的烏龍茶，並且以煉乳
調整出喜歡的甜度。要將水果香氣轉移到茉莉花茶中，
建議選用直接吃不美味的堅硬水蜜桃，
以及酸酸的蘋果、草莓等。
水果請先回復至室溫再放入茶壺內。

## 水果茉莉花茶

**材料：2~3人份**

中國茶（茉莉花茶）－4g

滾水－300ml

水蜜桃、蘋果等水果－200g

**作法**

1 將茶葉放入茶壺中，注入適量的熱水（另外準備）燜蒸約1分鐘，然後將熱水倒掉。

2 在1的茶壺中放入切好的水蜜桃、蘋果等水果，注入滾水。燜蒸約1分鐘讓茶葉舒展開來，就可以倒入杯中。

# 中國茶與甜點

ムラヨシ先生說他最喜歡做的事情就看料理、甜點、麵包之類的書籍了。視察超商和市售的甜點新商品，也是他每天必做的功課之一。

最愛使用能夠看見茶色和茶葉舒展模樣的耐熱玻璃茶壺。

金萱茶是台灣產的烏龍茶，帶有香甜優雅的奶香味。

ムラヨシ先生每天都會抓緊工作的空檔去夜跑。「慢跑後我會喝具有燃脂效果的普洱茶；想要放鬆的時候，金萱茶則是我的首選」。金萱茶是他因為工作的關係而認識到的台灣烏龍茶。其氣味香甜、苦澀味低的特點令他十分喜愛。

詢問ムラヨシ先生使用中國茶入甜點的祕訣，他表示：「烏龍茶的特色是帶有發酵過的深沉香氣。和蛋、奶油、水果等材料都能搭配，使用上堪稱百無禁忌，可以當成日本的麥茶或焙茶來運用喔。」最近，他還迷上了在梅酒裡加入烏龍茶的喝法。這樣的使用方式雖然教人大感意外，不過烏龍茶能夠抑制梅子的青澀味，讓梅酒的味道變得沉穩。

至於普洱茶，因為茶葉堅硬、不易磨成粉末，所以先燜蒸再熬煮，是將其巧妙融入甜點中的重點。普洱茶能夠突顯蛋的風味，和果凍、寒天等的口感非常契合。另外，和甜甜的紅豆沙、熱帶水果也很搭配。

「帶有花朵細膩香氣的茉莉花茶，則是只要讓香氣轉移到牛奶或巧克力中就很有效果。由於茉莉花茶容易產生苦味，請注意千萬不要煮過頭，還有過濾時不要擰壓茶葉」。


## ムラヨシマサユキ

甜點、料理研究家。製菓學校畢業後，曾經在法式甜點店、咖啡店、餐廳任職，後來獨立開設麵包甜點教室，傳授在家也能輕鬆跟著做的食譜，讓人人都能創造出日常生活中的美味。目前活躍於雜誌、書籍、電視、菜色開發等多個領域。秉持認真態度，為追求美味而發想的食譜廣受好評。合著有《人氣甜點師攜手全新配方磅蛋糕》、《菓子研究家的創意馬芬》（以上皆為家之光協會出版）等多本著作。

國家圖書館出版品預行編目資料

極品馥郁茶製甜點：乳酪蛋糕、餅乾、瑪德蓮......手感茶香好滋味 / 坂田阿希子, 飯塚有紀子, 小堀紀代美, ムラヨシマサユキ著；曹茹蘋譯. -- 初版. -- 臺北市：臺灣東販股份有限公司, 2021.07
80面；18.8×25.7公分
譯自：香り豊かな茶葉でおいしい至福のスイーツ：紅茶・抹茶・ほうじ茶・煎茶・中国茶
ISBN 978-626-304-656-6(平裝)

1.點心食譜

427.16 110008586



［甜點製作］
坂田阿希子（p.6～23）
飯塚有紀子（p.24～43）
小堀紀代美（p.44～61）
ムラヨシマサユキ（p.62～79）

設計／川添 藍
攝影／福尾美雪
企劃、編輯／内山美恵子
校對／ケイズオフィス
DTP製作／天龍社
攝影協助／UTUWA 電話03-6447-0070

極品馥郁茶製甜點
乳酪蛋糕、餅乾、瑪德蓮……手感茶香好滋味

2021年7月1日初版第一刷發行
2023年12月1日初版第三刷發行

作　　者　坂田阿希子、飯塚有紀子、小堀紀代美、ムラヨシマサユキ
譯　　者　曹茹蘋
編　　輯　曾羽辰
美術編輯　竇元玉
發 行 人　若森稔雄
發 行 所　台灣東販股份有限公司
<地址>台北市南京東路4段130號2F-1
<電話>(02)2577-8878
<傳真>(02)2577-8896
<網址>www.tohan.com.tw
郵撥帳號　1405049-4
法律顧問　蕭雄淋律師
總 經 銷　聯合發行股份有限公司
<電話>(02)2917-8022